U0345046

特大城市韧性体系评价的比较研究

史晨辰　著

首都经济贸易大学出版社
Capital University of Economics and Business Press
·北京·

图书在版编目（CIP）数据

特大城市韧性体系评价的比较研究/史晨辰著 . --
北京：首都经济贸易大学出版社，2023.10
ISBN 978-7-5638-3604-8

Ⅰ. ①特… Ⅱ. ①史… Ⅲ. ①特大城市-灾害-风险评价-对比研究 Ⅳ. ①X4

中国国家版本馆 CIP 数据核字（2023）第 190716 号

特大城市韧性体系评价的比较研究
TEDA CHENGSHI RENXING TIXI PINGJIA DE BIJIAO YANJIU
史晨辰 著

责任编辑 陈雪莲
封面设计 风得信·阿东 FondesyDesign
出版发行 首都经济贸易大学出版社
地　　址 北京市朝阳区红庙（邮编 100026）
电　　话 （010）65976483 65065761 65071505（传真）
网　　址 http://www.sjmcb.com
E-mail publish@cueb.edu.cn
经　　销 全国新华书店
照　　排 北京砚祥志远激光照排技术有限公司
印　　刷 北京建宏印刷有限公司
成品尺寸 170 毫米×240 毫米 1/16
字　　数 149 千字
印　　张 10
版　　次 2023 年 10 月第 1 版 2023 年 10 月第 1 次印刷
书　　号 ISBN 978-7-5638-3604-8
定　　价 55.00 元

图书印装若有质量问题，本社负责调换
版权所有 侵权必究

前　言

近年来，随着中国城市快速发展，一些城市问题逐渐显露。2020年的新冠疫情、2021年河南郑州等地的洪涝灾害……让城市管理者们重新思考城市规划建设、应急治理以及可持续发展等问题。“韧性城市”[①] 被看作未来城市应对风险和可持续发展的主要方向之一，更是快速应对灾害风险的基础。“韧性”一词最早出现在机械工程领域，指系统恢复原状的能力。韧性思想引入城市规划领域已经有近40年的时间，主要体现在人对自然变化的响应，对灾难的主动预防应对。把韧性思维运用于城市建设，要特别关注城市系统中的主动性适应，包括感知能力、反应能力、学习能力和恢复能力。城市系统是一个开放的复杂系统，不是一个单独的维度，与基础设施、交通、公共卫生、社会经济等多个维度密切联动，相应的城市韧性也体现在多个维度。

国际上对“韧性城市”的研究已有段时间，但对中国来说，“韧性城市”的研究仍处于起步阶段，在国内还是比较新的话题。然而，中国政府高度重视韧性城市建设的发展。2017年，中国地震局在相关文件里首次对韧性城市建设提出了要求。“十四五”规划中“推进以人为核心的新型城镇化”首次将“建设韧性城市”纳入国家战略规划体系。此前，北京、上海等一些城市已将韧性城市建设任务纳入城市总体规划中。这些城市的实践探索为其他地区提供了借鉴与经验。当前，中国正

---

① 地方政府永续发展理事会（ICLEI-Local Governments for Sustainability）将“韧性城市”定义为：城市具备抵御灾害的能力，减轻灾害造成的损失，并通过合理调配资源，快速从灾害中恢复。

面临着诸多城市问题，如交通拥堵、环境污染、自然灾害等，韧性城市建设在应对这些问题方面具有重要价值。因此，开展典型城市韧性系统评价与比较研究，适应我国当前社会经济发展与生态文明建设的迫切需要，是提升现代化城市治理能力的重要实践探索。

进行韧性城市规划，建设韧性城市，其目的是有效应对各种风险或冲击，降低发展过程中的不确定性和脆弱性。那么，在建设韧性城市之前首先要对城市韧性进行评价，有针对韧性的某一方面进行的评价（如针对城市经济韧性或气候韧性），也有采用综合指标对某个城市进行评价。但不管哪种类型的评价，都有其片面性，都会根据具体的研究内容有所侧重，采用的评价方法也因研究与学科而异。例如，修春亮等（2018）从地理学与景观生态学视角出发，利用生态评价工具针对案例区城市规模、密度、形态，构建城市韧性评价框架。构建多维复合指标体系是最常见的韧性评价方法，由于不同研究对城市韧性的评价维度不同，案例区具体情况不同，再加上数据的可获得性不同，构建出的指标体系不尽相同。最为常见的是从社会、经济、生态、基础设施等维度对城市韧性进行综合评价。

我国对城市韧性的研究虽然尚处于起步阶段，但这方面的研究在不断发展和深化。在韧性城市的明确定义和核心机理解析方面，学者们正在努力探索和完善相关理论。然而，大多数研究仍然倾向于借鉴国外的韧性概念，主要关注宏观管理和规划层面，这导致在应用性实证研究、量化研究和韧性规划后效评价方面存在一定的空白。现有研究从不同学科与研究议题出发，对城市韧性的侧重点不同，再加上不同城市在社会、经济、生态、基础设施等方面的异质性，评价的维度有较大的差异，需要一个综合的韧性评价体系，以便更有效地衡量城市韧性建设的成效与进展，并全面反映包括生态环境、经济发展、社会稳定、基础设施建设、应急响应等在内的城市韧性的各个方面。

在韧性城市研究领域，过去的研究主要集中在国家层面、城市群（圈）、中小城市或农村地区的韧性建设，针对特大城市的韧性研究相对较少。在我国快速城镇化进程中，特大城市正面临着人口激增、资源环境矛盾加剧、交通拥堵、空气污染、公共服务不足等“大城市病”的严峻挑战，因此迫切需要开展针对特大城市的韧性研究。同时，在实证研究方面，大部分研究着眼于单一国家或地区的案例分析，较少涉及国际比较研究。本书拟弥补现有韧性城市研究在机理解析、评价体系、研究尺度与比较研究方面的不足。

本书选取国内外特大城市为典型案例，通过文献与实地调研，全面评价与解析案例城市韧性体系及其韧性特点，评价案例城市韧性现状，并进行对比分析，在韧性城市视域下为特大城市韧性的提升提供规划与管理建议。具体研究内容分为以下四个方面：

（1）构建城市韧性评价理论框架与数据库。通过文献梳理，明确韧性城市的核心内涵、影响因素与作用机理，构建韧性评价理论框架。收集文献、调研、统计、行业、遥感、兴趣点等多源数据，制备成可供本书韧性体系分析与韧性现状评价使用的数据库。

（2）开展国内外特大城市韧性定量评价。通过案例区数据资料收集，在本书构建的理论框架下，确定案例城市不同韧性维度下的韧性评价指标与权重，定量评价国内外特大城市韧性现状。

（3）进行特大城市韧性体系比较研究。在案例城市韧性体系数据资料收集、韧性现状定量评价工作的基础上，进行国外特大城市与国内特大城市间韧性体系比较研究，供决策者分析参考。

（4）提出特大城市韧性体系规划与管理决策咨询建议。在国内外特大城市韧性建设实践案例分析与定量评价的基础上，探索我国韧性城市建设的薄弱环节，为提高城市管理能力提供决策建议。

特大城市的韧性体系建设需要明确韧性城市的内涵与核心机理，并借助定量测度为决策提供科学工具。开展比较研究，有助于了解并利用城市韧性发展的先进理论与实践方法。然而，考虑到国外特大城市与国内特大城市间在经济、社会、环境等方面的空间异质性，韧性建设实践不可盲目借鉴，韧性体系评价的指标也不尽相同，但仍可参照本书构建的综合韧性评价框架，根据区域异质性调整具体评价指标。本书在数据收集、机理解析、韧性评价与比较研究的基础上，构建城市韧性综合评价概念框架。重点对北京、上海、成都、纽约、伦敦、东京六个案例城市的韧性建设策略进行分析，并对其韧性现状进行评价，最后通过比较为韧性体系评价与特大城市韧性建设提出优化建议。

本书在理论研究方面明确韧性城市的核心概念与内涵，对韧性理论在不同尺度上的应用做出了贡献，并识别出特大城市韧性表征与评价因素，在方法上构建综合韧性评价体系。此外，本书构建的综合韧性评价框架不仅适用于本研究，还可以扩展到不同尺度与地理区位案例的韧性评价。在决策应用方面，对国内外特大城市韧性建设与韧性现状进行实证评价，为我国韧性城市规划与管理提供政策建议。

目　录

第一章　韧性城市的理论基础

第一节　韧性相关概念

一、韧性概念的发展

“韧性”一词最早出现在机械工程领域，其语义是“回到原始状态”，指工程材料遭受挤压后恢复原状的能力，即“工程韧性”。它衡量了材料在承受外力或者应变后保持原始形态的能力。通常来说，材料的韧性越强，其在遭受外力或者应变时就越能更好地保持其完整性和稳定性。工程韧性在现代材料科学和工程中扮演着至关重要的角色，例如在建筑、航空航天、汽车制造、电子设备等领域都有广泛的应用。随着韧性概念在不同领域的不断扩展，人们逐渐认识到韧性不仅仅是一种材料特性，还可以用来描述其他系统的特性和能力。

在科学界，“韧性”最早可以追溯到20世纪70年代，在生态学中出现了“生态韧性”概念，它是一种对生态系统持久性的度量，指系统吸收变化和干扰，但仍然保持种群或生态系统状态变量之间相互作用关系的能力。这一概念最初由霍林（Holling）于1973年提出，用以解释生态系统如何在变化的环境条件下维持稳定。“生态韧性”概念的提出，颠覆了传统生态学认为生态系统具有单一平衡状态的观点。工程韧性强调系统的结构，而生态韧性更强调系统的功能，二者的最大区别在于系统并非一定要回到初始形态，经历扰动中的抵抗、吸收、修复等行为，系统可以实现另一种平衡，这一区别也内含着可持续发展的特点与能力。因此，生态韧性常被定义为系统在不改变自身结构和功能的情况下，承受一系列扰动后的重组能力。

随着时间的推移，在20世纪90年代，研究者们开始将生态韧性与社会系统相结合，形成了社会–生态系统韧性理论，也被称为演进韧性。这一理论关注人类与生态系统之间的相互作用，以及如何在环境压力下保持社会–生态系统的稳定。“社会–生态”韧性（又称“演进韧性”）强调复杂的社会生态系统在面对外部压力和限制时改变、适应和转化的能力。在演进韧性的概念中，韧性已不再局限于生态系统，而是涉及社会、地理、经济、政治等不同学科的内容，逐渐过渡到了社会层面（见表1–1）。这种韧性强调的是城市系统的整体性和复杂性，以及城市系统各部分之间的相互作用和联动性。综上，韧性的概念可以被划分为3类，即工程韧性、生态韧性与演进韧性。后两类韧性理念已成为目前城市韧性研究的主要理论依据（见图1–1）。

表1–1　不同韧性的特点、专注点与情境

	特点	专注点	情境
工程韧性	复原时间、效率	复原、固定	接近稳定平衡
生态韧性	缓冲能力、抵挡冲击、维持运作	持久、强健	多重平衡及稳定
社会–生态韧性	交叉干扰及重组、持续及发展	适应能力的可变性、学习、创新	综合系统反馈，跨尺度动态互动

如前所述，在霍林将“韧性”思想引入生态系统学后，不同学科的学者开始介入研究。当前学界主要有四种代表性观点，分别为能力恢复说、扰动说、系统说和适应能力说（见表1–2）。能力恢复说由蒂默曼提出，他主张城市的韧性是基础设施从扰动中复原或抵抗外来冲击的能力。扰动说由克莱因提出，他认为城市韧性是社会系统在保持相同状况的前提下所能吸收外界扰动的总量。系统说由斯坦顿–格迪斯提出，他主张韧性是城市的自我组织和自我学习能力。适应能力说由冈德森提出，他认为韧性是一种动态演化的能力，是社会生态系统持续不断的调整能力、动态适应和改变的能力。

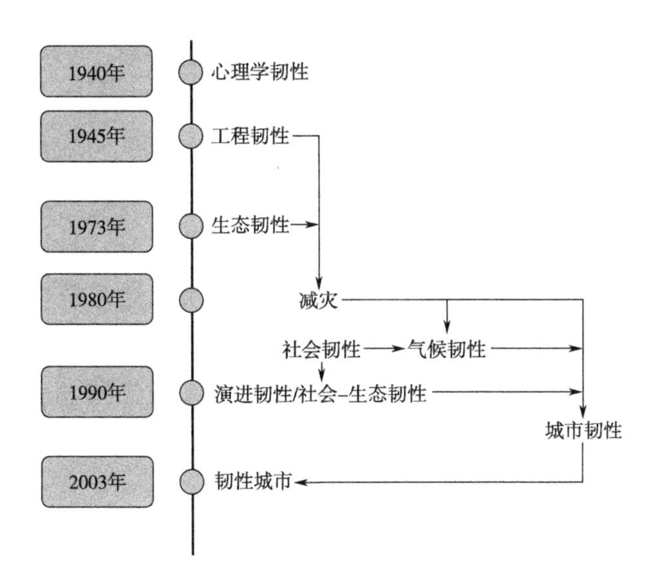

图 1–1　韧性概念的发展

资料来源：史晨辰，朱小平，王辰星，等．韧性城市研究综述：基于城市复杂系统视角［J］．生态学报，2023，43（4）：1726–1737.

表 1–2　韧性理论代表观点

韧性理论	代表人物	韧性定义	理论基础
能力恢复说	蒂默曼	基础设施从扰动中复原或抵抗外来冲击的能力	工程韧性
扰动说	克莱因、卡什曼	社会系统在保持相同状态的前提下所能吸收外界扰动的总量	生态学思维
系统说	福克、杰哈、迈纳、斯坦顿–格迪斯	自我组织能力 自我学习能力	生态学思维
适应能力说	冈德森、霍林、阿杰、卡彭特	社会生态系统持续不断的调整能力、动态适应和改变的能力	演进韧性理论 系统论

韧性通常是指在有压力（灾害冲击）的时候，系统要素及相互作用路径能不被破坏，或在受损后能恢复原来状态，形成系统抵御压力或风险的能力。例如，城市在面对内涝时有良好的应急预案，减少人

财物的损失，在洪水发生后，城市排涝系统能较快降低风险，恢复其功能。对于韧性尚未形成统一定义，不同学科的学者出于研究背景与关注核心问题的差异，对韧性有着不同的概念解析。例如，生态学者将韧性定义为系统遭受干扰后恢复到维持其基本功能和结构的能力，用以解释生态系统及人类-生态复合系统的韧性。然而城市本身实际上是比生态更加复杂的系统，生态学只是城市复杂系统内部的社会、经济、文化、生态、环境等子系统之一。因此，探索韧性的概念化对丰富韧性城市的内涵和外延，进而厘清城市韧性的机制机理至关重要。

二、城市韧性与韧性城市

与韧性概念相同，“城市韧性”的概念也因学科与研究背景而异。国外的城市韧性研究起步较早，并取得了较为系统的理论成果，但我国对城市韧性的研究仍处于初级阶段。国际上较有影响力的城市研究将城市韧性定义为城市系统在面对冲击或压力时能够保持原状或迅速恢复到期望的程度，能够适应变化，改变限制当前或未来适应能力的功能；或城市系统主体（包括个人、社区、机构、企业和政府）在持续压力和突发冲击下存续、适应、发展的能力。虽然未形成统一定义，但城市韧性的概念已被广泛应用于气候变化适应、灾害风险降低、安全和可持续发展等城市应急管理领域。

“韧性城市”最早来源于2003年戈德斯霍克（Godschalk）提出的一项降低城市安全风险的全面战略，该战略旨在创建能够抵御自然灾害和恐怖主义的韧性城市。韧性作为复杂系统的特性之一，早期对于“社会-生态”系统韧性概念的研究就将其置于复杂系统的理论之中。复杂系统理论描述的系统不是确定的、可预测的和机械的，而是过程相互依赖的有机系统，在多个尺度之间存在反馈，且允许这些子系统进行自组织。复杂系统的韧性是关于抵御外部冲击并为系统结构重塑与过程演化提供新的机会，促进系统的更新与新的发展轨迹出现。从这个意义上来讲，韧性城市应具有适应能力，以应对不确定性。

韧性城市的概念已成为全球多个领域、广大学者关注的研究热点之一。近年来，韧性城市研究发展迅速，涉及的议题包括“韧性城市的定义及特征”“城市韧性的评估指标及测量方法”“韧性城市的构建模式及其实践应用”“城市风险防范与灾后恢复”等。在国内外相关文献中，韧性城市研究具有广泛的视野和深度，已取得丰硕成果。具体有如下三点：

第一，目前韧性城市研究存在着一个突出问题，即缺乏统一的规定性概念。针对这一问题，全球100个韧性城市项目的发起者——美国洛克菲勒基金会将城市韧性定义为城市、社区、机构、商业体或系统在遭遇任何持续慢性的压力或突然的灾害冲击时生存、适应并发展的能力。而联合国防灾减灾署则将韧性城市定义为“面对冲击和压力，能够做好准备、恢复和适应的城市”。学者萨拉·米罗（Sara Meerow）在分析了172篇“城市韧性”相关文献后认为，城市韧性仍未被明确定义，现有概念仍存在争议，需要进行细致考虑。针对这一问题，她提出了新的城市韧性定义，即“城市韧性是指一个城市系统的能力及其所有组成部分跨越时空尺度的社会生态和社会技术网络，用以在面对干扰时维持或迅速恢复所需的功能和适应变化，并使限制当今或未来适应能力的系统快速转型”。此外，国内外许多学者也提出了对城市韧性或韧性城市的不同理解。2021年中国城市规划学会年会还设置了韧性城市专题研讨，学者们在会上就韧性、突发公共卫生事件、城市免疫空间和避难场所等议题提出了各自的观点和看法。

第二，韧性城市的内涵包括系统综合性和要素多样性，但当前韧性城市的关注焦点在于如何应对全球气候变化。随着韧性思想在生态学、社会学、经济学和城乡规划等人文科学领域的应用，大多数学者和研究机构都将城市视作一个复杂的巨型系统，通过加强城市经济、制度、技术、文化和社会等多个系统的耦合来提高城市抵御急性冲击风险和慢性压力危机的能力，以全方位保障城市的安全运行。城市韧性系统应包括基础设施韧性、制度韧性、经济韧性和社会韧性等要素。虽然新冠疫情引发人们对公共卫生和社会韧性的关注，但当前大部分韧性城市研究成果和实践规划政策方案仍侧重于如何应对全球气候变化所带来的自然灾害，如低碳零碳、能源绿色转型等。这也可以从 2021 年联合国世界城市日主题“应对气候变化，建设韧性城市”中得到印证。韧性理论在人类社会生态系统及其维持力管理方面有着特殊的启发作用，尤其是在城市如何应对全球气候变化带来的极端灾害方面，具有强大的指导功能。

第三，韧性城市的特征是多样化和差异化的，因此韧性测评成为实践研究的显著难点。不同研究机构和学者对韧性城市的特征有不同的总结。例如，联合国国际减灾战略秘书处认为韧性城市具有五个特征，即稳健性、可恢复性、冗余性、智慧性和适应性；洛克菲勒基金会则认为城市韧性包含七个特征，即灵活性、冗余性、鲁棒性、智谋性、反思性、包容性和综合性；赫恩则认为一个韧性城市具备五个特征，即多能性、冗余度和模块化、生态和社会的多样性、多尺度的网络连接以及有适能力的规划和设计。此外，学术界还在努力构建韧性测评体系，以客观测度一个城市的韧性程度。常见的评估指标体系及评估方法包括韧性城市指数、多学科地震工程研究中心的七维度评估框架、韧性矩阵、社区基线韧性评价指标和紧急事件与灾害韧性指数等。在国内，刘彦平等学者构建了城市韧性发展指数框架，对我国 288 个城市进行了韧性测评，并提出了推动韧性城市平衡发展的路径和策略。因为不同研究机构和学者对韧性城市的理解角度不同，所采用的指标体系和评价路径存在显著的多样性和差异性特点。

由于学科不同、研究背景各异，韧性定义、标准各不相同，本书对于城市韧性的探讨强调城市复杂系统应对灾害的抵抗力、恢复力和弹性，且关注的是韧性区间或范围，而非一个绝对的韧性值（判定标准）。当韧性理论被用于城市建设管理时，其内涵与外延和其他当代城市概念，如安全城市、健康城市、创新城市与智慧城市等，既有一定联系，也有一定区别。安全、健康、创新和智慧城市多从应急管理和城市发展方面进行指标构建及评价，而韧性城市更侧重城市系统的多维要素及其面对冲击的自我修复与响应能力的评估。这些表述存在部分评价指标的一致性，但各自对其评价主题的侧重也存在差别。

表 1-3 汇总了近十年来韧性城市建设的代表性事件。

表 1-3　韧性城市十年里程碑

时间	代表性事件
2010 年	首届韧性城市全球大会
	联合国防灾减灾署启动“让城市更具韧性”倡议
	发布全球城市气候公约《墨西哥协议》
2011 年	来自 28 国的 114 位城市领导通过《德班气候变化适应章程》
	首届城市适应性市长论坛韧性城市全球大会召开
2012 年	宜可城组织治理结构增设韧性主题席位
2013 年	洛克菲勒基金会启动“全球 100 韧性城市”计划
	首届宜可城欧盟开放日
2014 年	哥伦比亚麦德林第七届世界城市论坛发表《麦德林城市韧性协作倡议》
2015 年	首届亚太韧性城市大会于泰国曼谷举行
	通过《2030 可持续发展议程》
	全球可持续发展目标 11：建设包容、安全、韧性与可持续的城市
	通过《2015—2030 年仙台减少灾害风险框架》
	启动“城市联盟联合工作项目”
2016 年	通过《新城市议程》
2017 年	全球地方和区域领袖气候高峰会（Climate Summit of Local and Regional Leaders）在第 23 届联合国气候变化大会（COP23）框架下举行，会议聚焦探讨城市韧性与气候适应性的挑战
	C40 城市气候领导联盟启动“适应外交计划”
2018 年	宜可城在战略愿景中纳入“韧性发展路径”
	联合国环境规划署可持续保险原则与宜可城共同在宜可城全球大会上公布《城市保险业发展目标》
	洛克菲勒基金会提出“城市韧性指数评估工具”
	联合国人居署在马来西亚吉隆坡举行的第九届世界城市论坛上，提出“韧性城市中心与城市韧性分析工具”
2019 年	第 10 届韧性城市全球大会在德国波恩召开
	C40 城市气候领导联盟发表“城市气候适应性进度评量框架”

三、韧性城市与城市防灾

韧性城市是城市规划和管理领域的一个重要概念，旨在提高城市应对灾害和紧急事件的能力。传统的城市规划和管理过于注重单一目标的实现，而韧性城市则更注重灾害的预防、应对和后续恢复。韧性城市的核心理念是城市要具有“回弹”能力，即能够在面对不可避免的灾害和紧急事件时，迅速地应对并恢复，从而减少灾害造成的损失。为了实现这一目标，城市需要建立起一套完整的韧性城市体系，包括韧性城市规划、韧性城市建设、韧性城市运营等。

韧性城市强调城市能够凭自身的能力抵御灾害，减轻灾害损失，并合理地调配资源以从灾害中快速恢复过来。从长远来看，城市能够从过往的灾害事故中学习，提升对灾害的适应能力。韧性城市与传统城市安全防灾的区别在于：

首先，在防灾视角上，传统城市的安全防灾往往是通过分离不同元素，独立设计和考虑建筑、交通、水利等不同方面，而韧性城市则将这些元素关联起来，实现统筹考虑和联动设计。例如，在城市规划和设计中，韧性城市注重考虑建筑和基础设施的互动，比如地铁、电力、供水等基础设施应考虑到与建筑物、地形和气候等因素的协调，以避免因一处灾害而对整个城市造成影响。

其次，在防灾目标上，传统城市的安全防灾主要关注灾害的安全控制，如防洪堤、抗震房等，而韧性城市则强调功能控制，即在防灾的同时尽量减少对城市的影响，以便城市能够更快地恢复正常运转。在这个过程中，韧性城市的考虑不仅限于工程领域，也需要考虑社科政经等方面的因素，如城市的经济发展、人口分布和生活方式，以及公众的态度和反应等。

再次，在防灾体系上，传统城市的安全防灾主要是被动应急，即灾害发生后通过应急响应来减少损失，而韧性城市则强调决策前移，即在灾害发生之前就采取预防措施，以减少灾害的影响。同时，韧性城市还注重协同联动，各个部门之间需要密切协作，建立信息共享机制，以便在灾害发生后能够更好地应对。

最后，在防灾教育上，传统城市的安全防灾主要针对某些领域的人群进行教育和培训，而韧性城市则注重全民参与，让每个人都了解灾害风险并知道如何应对。此外，韧性城市还强调智慧提升，通过技术手段和科学研究提升城市对灾害的认知和预测能力，以便更好地应对灾害。

对比传统的城市防灾减灾思路，韧性城市理念实现了五大转变。一是从离散到整合。由单一灾害分析转变为多灾种耦合评估，由单尺度、描述性分析到多尺度、机理性评估，由单部门孤军作战到动员全社会力量协同作战。二是从短期到长期。由“短期止痛”转变为“长期治痛”，由在最短时间内恢复原状的工程思想转变为在较长时期内不断更新、协同进化的生态思想。三是从响应到适应。由“亡羊补牢”转变为“未雨绸缪”，由被动的应急响应转变为主动的规划调控。四是从刚化到柔化。由刚性抵御对抗转变为柔性消解转化，并能够从外部冲击、风险或不确定性中获益成长和创新转型。五是从静态到动态。由终极蓝图式的静态目标规划转变为适应性的动态韧性规划，探索多种可能的途径以应对城市发展中的不确定性。

当城市面临各种自然或人为灾害时，传统的城市防灾减灾思路通常是以单一的灾害为出发点，采取单一手段进行应急响应和恢复，这种思路容易出现过度依赖单一方案的情况，忽视了多灾种交互作用和城市内部系统之间的耦合关系，导致应对措施的局限性和不可持续性。而韧性城市理念则强调全社会的协同作战，将多领域、多部门、多利益相关方的资源进行整合和调配，形成一个高度关联的城市韧性体系，从而更加全面地考虑城市安全和发展的多方面需求，提高城市对各种灾害的适应能力和恢复能力，降低城市面临灾害的风险。

此外，韧性城市理念也注重长期规划和持续的更新和演化，从短期止痛转变为长期治痛，强调以生态思想为基础，将城市规划和建设与自然环境融合起来，提高城市的可持续性和生态稳定性，从而为城市未来的可持续发展奠定基础。韧性城市的实现也需要从响应到适应的转变，通过主动的规划调控来应对各种不确定性，从而降低城市发展过程中的风险。这种适应性的规划思路也为城市的灵活发展提供了更多可能性，避免了传统的终极蓝图式的规划对城市发展的束缚。

韧性城市理念有助于提高城市的整体适应能力和恢复能力，降低城市面临灾害的风险，提高城市的可持续性和生态稳定性，为城市未来的可持续发展奠定基础，并提供更多的发展可能性。

第二节　韧性城市研究的理论框架推进

国内外学术界对韧性的基本概念和作用已初步达成了共识，并开始逐步拓展城市韧性的广度与深度。关于城市韧性的研究已不再局限于生态系统层面，还包括应对气候变化、防灾治理、能源系统、经济、管理等方面。尽管现有城市韧性的研究涉及诸多层面，但其焦点仍集中在解决气候变化和自然灾害的扰动问题。具体来看，目前城市韧性研究的主要内容依然集中在理论框架、作用机理、评价体系、提升策略几个层面。本部分主要介绍韧性城市研究的理论框架。

一、单一系统的简单框架

为寻求解决城市风险危机的新思路，城市韧性引起了韧性联盟的关注。韧性联盟作为国际上较早研究城市韧性的组织之一，提出了四个关于城市韧性的研究主题：代谢流、管理网络、建成环境以及社会动力学。这四个主题分别代表不同领域和不同维度的观点：代谢流和建成环境主要基于生态学视角，管理网络代表管理学维度，社会动力学基于社会学视角，以此构成较为系统的理论框架。大多数学者认为城市属性包括坚固性（robustness）、快速性（rapidity）、冗余性（redundancy）、多样性（resourcefulness），即 4R 属性。其中，坚固性和快速性被认为是表现属性，冗余性和多样性被认为是准备韧性。坚固性指系统及其组成部分在不被破坏或丧失功能或结构的前提下所能承受和吸收的扰动性程度。快速性指为实现既定目标，系统及时完成优先级任务且损失最小化所使用的时间。冗余性是指系统在遭受冲击时，要素替代满足功能需要的程度。多样性指当冲击来临时，系统调动资源的能力。福斯特（Foster）

以 4R 属性为基础，将区域韧性划分为评估、准备、响应和恢复四个阶段，分阶段对区域韧性进行评价。2014 年，美国洛克菲勒基金会在举行全球 100 座韧性城市挑战赛的基础上，提出城市韧性框架（the city resilience framework，CRF）（见表 1-4）。该框架将城市韧性分为四个维度，分别为健康和幸福、经济和社会、基础设施和环境、领导和策略，这一框架有力地促进了后续多系统复杂框架的发展。

表 1-4　全球 100 座韧性城市挑战赛中的城市韧性框架

维度	驱动程序
健康和幸福	满足基本需求
	支持生活与就业
	确保公共卫生服务项目
经济和社会	促进凝聚力与经营社区
	确保社会稳定、安全与正义
	促进经济繁荣
基础设施和环境	提升和保护自然与人文资产
	确保生命线系统的服务不间断
	提供可靠的通信与联络
领导和策略	提升领导力与实现有效管理
	组织广泛的公众参与
	进行长期和综合规划

二、多系统的复杂框架

卡特（Cutter）等人基于社会韧性视角，从社区微观层面构建了自然灾害韧性的理论框架，从内外双重视角出发，以社会内部的脆弱性和扰动性作为内因，以社会、自然、建筑等外部环境作为外因，强调内外部因素与自然灾害的相互作用，并提出应对措施。韧性并不是即时的概念，它源于面对灾害时所做出的反应以及从灾害中所获得的经验，提升应灾反应（即提升韧性与社会学习）将有助于形成下一次灾害中的先行条件。周宏健（音译）等人从地理角度提出了“韧性响应”的过程模型，将地理上的位置信息进一步细化为时间、空间和属性三个维度，同时对灾害韧性的内在韧性和适应韧性在灾前、灾中、灾后的变化曲线进行了定性描述。贾巴林（Jabareen）试图建立起一个多学科概念框架来支持和评估城市韧性，该框架包含脆弱性分析矩阵、防灾、城市管理、面向不确定性四方面规划。具体来说，脆弱性分析矩阵用于识别不确定性、非正式城市空间的规模、社会、经济和环境条件、人口和经济脆弱性、脆弱性空间分布。防灾包括缓解、重组、寻找可替代能源等策略。城市管理包括公平性、综合方法与生态经济。面向不确定性包括适应性政策、空间规划与可持续的城市形式。德索扎（Desouza）等人通过案例分析，提出包含设计、规划和管理的城市韧性概念框架，在宏观层面将城市分为物质系统和社会系统，并梳理了宏观层面可能面临的自然、技术、经济、人为四个方面的压力。压力的产生会导致城市完全被破坏、城市功能失效、城市部分功能暂时失效，因此，他们主张通过增强和抑制两方面的策略，以及灵活的规划、适应性设计和灵活的管理来调节这些压力对城市的影响。

现有关于城市韧性的理论大多为概念或理论框架，围绕韧性发生过程提出了相关影响因素，但尚未明晰其中的机理和复杂关系，为此，我们下一步将继续探讨理论框架与系统之间的机理与复杂关系。

第三节　韧性城市的作用机理

通过国内外相关研究文献的综述发现，对于城市韧性的作用机理，普遍归纳为“承受（扰动）—韧性（恢复）—再造（更新）”过程。通过韧性城市的核心内核和基本理论框架，不难推断出韧性城市在遭受外界冲击时，主要经历了三个阶段。第一阶段是承受，或称为扰动。当外部环境产生变化时，城市作为一个复杂系统，具有自我修复功能，在既定范围内可以承受一定程度的变化，而不必马上做出调整。第二阶段是韧性阶段，也称为恢复阶段。虽然外部的冲击和变化不断加大，但城市系统依然能进行某种程度的自我调整和自我恢复，以适应因外界变化而出现的新情况。第三阶段是再造阶段，也称为更新阶段。当外界变化随时间的推移不断增强时，城市会自发地再造新系统，适应外界环境变化，实现持续发展，具体包括经济、社会、环境等三个层面。

韧性城市的特征包括多样性（有许多功能不同的部件，在危机之下带来更多解决问题的技能，提高系统抵御多种威胁的能力）、冗余性（具有相同功能的可替换要求，通过多重备份来增强系统的可靠性；城市中关键的功能设施应具有一定的备用模块，当灾害突然发生造成部分设施功能受损时，备用模块可以及时补充，整个系统仍能发挥一定水平的功能，而不至于彻底瘫痪）、适应性（城市能够从过往的灾害事故中学习，提升对灾害的适应能力）、鲁棒性（系统具有抵抗和应对外部冲击的能力，城市抵抗灾害，减少由灾害导致的城市在经济、社会、人员、物质等多方面的损失）、协同性（在管理过程中，顾及尽量多相关者的情况，整合相关资源）、恢复力（具有可逆性和还原性，受到冲击后仍能恢复系统原有的结构或功能）等，不同研究还强调了韧性城市的谋略性、及时性，以及智慧性（有基本的救灾资源储备以及能够合理调配资源的能力，能够在有限的资源下优化决策，最大化资源效益）、自组织力、学习力等。

基于对城市韧性的概念和作用机理的解析，多年来，包括土木建筑、城市规划、灾害学、地理学、生态学、经济学、政治学、社会学、公共管理学在内的各个学科针对韧性的不同维度展开各有侧重的研究，提出不同的城市韧性发展规划策略（见表1-5）。在韧性城市的研究中需要认识到学科交叉的特性，才能更好地识别韧性构建中经济、社会、空间、物理等多重因素和广泛的利益相关者。

表1-5　不同学科领域对城市韧性的研究

学科领域	研究内容	参考文献
物理学	工程物理应急管理	Zhang等（2018）
土木建筑	基础设施韧性增强策略，城市基础设施的韧性规划与设计	关威等（2021）、Zhou et al.（2010）

续表

学科领域	研究内容	参考文献
城市规划	韧性城市测度与规划	Jabareen（2013）、 刘彦平（2021）、 Sharma et al.（2023）
灾害学	抵御如气候变化、自然灾害、流行病、极端天气、恐怖主义等灾害和威胁的研究。研究比较多的扰动对象是自然灾害，如地震、洪水等	陈利等（2017）、 赵丹等（2019）
地理学	韧性评价与时空异质性分析	崔鹏等（2018）、 肖文涛等（2020）
生态学	生态韧性测度，应对生态变化韧性	Zhang et al.（2018）、 Lin et al.（2016）
经济学	利用经济学模型，对城市韧性进行测度或对韧性的影响因素进行分析，给出定量参考	Shutters et al.（2015）、 冯洁瑶等（2020）、 叶堂林等（2021）、 张明斗等（2021）、 徐圆等（2019）
政治学	韧性的概念化、政治化，为政策设计和韧性思想提供借鉴	Deverteuil et al.（2021）、 Aldunce et al.（2015）
社会学	韧性社区理论、方法、实践研究	张明斗等（2021）、 徐圆等（2019）
公共管理学	国内外韧性理论与实践梳理，韧性治理建议	Duit（2016）、 朱正威等（2021）、 武永超（2021）、 陈玉梅等（2017）

在灾害学研究中，布鲁诺（Bruneau）等将社区的地震灾害韧性分为四个维度（TOSE）。①技术（technical）：减轻建筑群落和基础设施系统由灾害造成的物理损伤。其中，基础设施系统损失指交通、能源和通信等系统提供服务的中断。②组织（organizational）：包括政府灾害应急办公室、基础设施系统相关部门、警察局、消防局等在内的机构或部门能在灾后快速响应，开展房屋建筑维修工作、控制基础设施系

统连接状态等，从而减轻灾后城市功能的中断程度。③社会（societal）：减少人员伤亡，能够在灾后提供紧急医疗服务和临时的避难场地，在长期恢复过程中可以满足当地的就业和教育需求。④经济（economical）：减少灾害造成的经济损失，减轻经济活动所受的灾害影响。经济损失既包括房屋和基础设施以及工农业产品、商储物资、生活用品等因灾破坏所形成的财产损失，也包括社会生产和其他经济活动因灾导致停工、停产或受阻等所形成的损失。

第四节　特大城市韧性的内涵与机制

经过30多年的发展，中国正在以令人难以置信的速度城镇化，已经有5亿多人口（从农村）迁入城市，我国的特大城市数量逐步增加。目前，特大城市的具体定义标准尚未达成全球共识。联合国经济和社会事务部（United Nations Department of Economic and Social Affairs）在2014年的《全球城市化发展报告》（*World Urbanization Prospects*）中，将统计人口在500万～1 000万人的城市群定义为特大城市（large cities），将超过1 000万人的城市群定义为超大城市（mega cities）。我国在2014年发布的《城市规模划分标准的通知》中，将城区常住人口500万人以上、1 000万人以下的城市设定为特大城市，城区常住人口1 000万人以上的城市为超大城市。也有文献以800万常住人口作为特大城市的门槛。

“特大城市偏好”即较高等级规模城市数量的显著增长，是全球城市化发展过程中的重要趋势。1950年以来，人口大于500万人的特大城市，尤其是1 000万人以上的超大城市，对城市化的贡献份额上升幅度巨大。遍布于各大洲的特大城市以较高的人口规模和较快的经济增长，对国家和周边地区产生了较强的辐射带动作用，成为国民经济发展的重要引擎。

特大城市的复杂性、对移民的吸引力及其在区域甚至全球范围内的影响力，使其在全球城市体系中具有独特的价值。一方面，人口和经济活动在空间上的高度集聚，使特大城市的居民享有更多的就业机会，也更容易获得电力、给排水和卫生系统等基本服务，以及相对丰富的文化生活。另一方面，特大城市更高密度的人口和建成环境，以及更快的增长速度，也使得交通拥堵、住房困难、环境恶化、资源紧张等“大城市病”更为凸显；尤其是在气候变化和深度全球化的背景下，特大城市对极端气候灾害及环境污染更为敏感，同等强度的洪涝、风暴潮、热浪、雾霾、垃圾围城、危险气体泄漏等灾害发生在特大城市的破坏力和影响力远大于中小城市，而其快速处理灾害并迅速恢复的能力则可能小于中小城市；且密集而频繁的人流活动也更易传播 SARS、新型冠状病毒等。此外，由于资源短缺、社会两极分化、经济增长滞缓等问题的发酵，特大城市中的经济压力和社会公平问题也可能更为凸显；其中的弱势群体也更易受到社会和政治、经济剥削、环境污染、自然灾害、健康危机和粮食安全等问题的影响。

特大城市（包括超大城市）由于规模的巨型化、人口的高密度、多元化和流动性等特点，在各类不确定因素和突发事件面前表现出极大的脆弱性。城市灾害的复杂性、叠加性、连锁性和动态性等特点及新型安全风险的不断涌现，也给特大城市风险治理和应急响应带来了重大冲击和挑战。传统刚性管控的工程思维方式已不能适应现代多样化、复合型的风险灾害情境，“韧性城市”理念和系统韧性建设为特大城市应对危机和风险提供了新的思路和方向。“特大城市韧性”的概念最早在2007年于德国举行的“特大城市：社会脆弱性和韧性构建”（Megacities: resilience and social vulnerability）研讨会中被提出：“特大城市韧性，即特大城市所有系统组分的联合韧性（combined resilience）”，这是一种基于综合韧性的定义方式，而在诸多针对特大城市韧性的实证研究中，更多是基于一种特定韧性的定义方式，如特大城市防洪韧性。

特大城市韧性在城市韧性概念外延上的限制，即思维对象从一般性的城市类型限制为特大城市这一特殊类型城市，将城市韧性的一般内涵与特大城市的特有属性相融合，在整合城市韧性本质属性的同时呈现出特大城市的一些特有属性，使得城市韧性的概念内涵得以深化。从承认城市系统本身具有韧性，城市韧性实践重点应在城市韧性优化的基础上，特大城市韧性的实践内涵体现在对特大城市系统认知和诊断的基础上，结合特大城市的阶段发展特征与功能定位，确定特大城市韧性优化的目标；然后基于决策层和不同利益群体之间的磋商和优先权衡，对特大城市所能调动的资源和力量，通过空间规划、工程建设、社会治理等手段进行优化配置，以减弱城市的脆弱性，增强城市应对干扰的准备能力、抵抗能力和冲击后的快速恢复能力及持续学习能力，实现特大城市在不确定性风险和挑战频发情况下的功能稳定、健康有序与可持续发展。

如何提升特大城市韧性（即通过提升城市各个维度对外界变化的承受能力和适应能力，使得城市在遭受重大灾害打击和社会经济压力时，能够更灵活快速地决策、响应和恢复，减少城市损失，保障城市安全平稳发展），成为近年来国内外特大城市发展中的重要议题。越来越多的城市将韧性能力建设作为未来重要的发展战略愿景，并通过规划提出具体的应对策略，其中不乏伦敦、纽约、东京、巴黎等具有全球和区域影响力的世界级特大城市。本书第二章将梳理全球一线特大城市韧性体系案例，比较分析和总结其中的共性特征，为我国城市韧性建设提供参考和借鉴。

第二章　国内外特大城市韧性体系案例分析

在韧性城市建设行动上，韧性城市构建计划作为世界各国城市与国际组织近期管理和研究的重要需求，已成为公司和多边组织、非营利组织和慈善基金会、私营部门、公共部门等利益相关主体共同参与的全球城市政策项目。2010 年，联合国减少灾害风险办公室发起了“让城市更具韧性”运动，旨在提高城市抗灾能力。2013 年，洛克菲勒基金会启动了“全球 100 韧性城市”项目（我国的湖北黄石、四川德阳、浙江海盐、浙江义乌入选），探索韧性城市建设的实践。2015 年，联合国《2030 年可持续发展议程》中提出了建设包容、安全、有韧性的城市及人类住区。2016 年联合国人居大会《新城市议程》进一步提出建设韧性城市，包括世界银行在内的国际组织提出了建设韧性城市的框架和思路。

在城市实践层面，2011 年英国伦敦提出《管理风险和增强韧性》计划，主要防范高温和干旱灾害。2012 年美国桑迪飓风发生之后，纽约市提出了《一个更强大、更有韧性的纽约》建设计划。2013 年日本出台了《国土强韧政策大纲》，主要用于应对地震海啸风险。类似的还有《芝加哥气候行动计划》《鹿特丹气候防护计划》等，都提出建设气候韧性城市。中国同样面临着应对气候变化、增强城市韧性的迫切需求。2017 年，中国地震局提出了韧性城市建设要求。“十四五”规划“推进以人为核心的新型城镇化”首次将“建设韧性城市”纳入国家战略规划体系。此前，北京、上海等城市已将韧性城市建设任务纳入城市总体规划中。2020 年开始的新冠疫情，2021 年河南郑州等地的洪涝灾害，让城市管理者重新思考城市规划建设、应急治理、可持续发展及增强城市应对风险能力的重要性。

对比目前国内外韧性城市建设实践特征与关注重点，可以发现国外城市的韧性策略更具有针对性，比如，明确的面向高温、城市内涝、地震、飓风等灾害的韧性提升，其实践措施也更加具体。这样有针对性的政策体系和具体实践措施有利于形成落地性良好、针对性强与短期内快速提升的效果。但可能的问题在于，对于长时间序列的问题和潜在风险考虑不足。然而，中国的实践在有针对性基础上进行了综合考量，能系统总结经验，虽然发展阶段滞后，但韧性提升效果可能会更好。

基于此，本章将结合案例分析的方法，探讨国内外典型城市的韧性体系。为了使研究结果更具有普遍性，能够实际应用，本书特选取了纽约、伦敦、东京、北京、上海、成都六座特大城市进行研究，梳理各城市目前韧性建设情况，并结合专家学者的观点对城市的韧性建设背景、强化韧性实践和韧性指标体系评价进行深入剖析，将以前城市的韧性建设经验应用于本研究，使研究成果更具有现实意义。下面将从国际和国内两方面进行特大城市韧性建设案例分析和实践经验总结。

考虑到对北京、上海等我国特大城市的对标借鉴作用，基于人口规模、经济社会发展水平和区域影响力，本书选取人口 500 万人以上，且在“全球化与世界城市研究网络”（Ga WC）发布的“世界城市分级排名”中全球一线特大城市作为研究案例。除了我国的三个城市（即北京、上海、成都）之外，还有纽约、伦敦、东京三个国际城市。

六个案例城市中，纽约、伦敦加盟了美国洛克菲勒基金会（Rockefeller Foundation）发起的“韧性城市”（RC）项目，并在 RC 官网上发布了相应的“韧性城市战略规划报告”。其中，伦敦的文件（London City Resilience Strategy 2020）为直接针对韧性议题的专项研究报告，基本遵循了 RC 统一的编制逻辑，即对韧性发展挑战进行分析，再提出应对策略；纽约公布的文件是其 2015 年版的城市总体规划——《一个富强而公正的纽约》，“韧性城市”是其中的一个篇章。此外，东京作为一个多灾害国家的首都，在《国土强韧化基本法》和《国土强韧化行动计划》的基础上，于2016年1月通过了《东京都国土强韧化地域规划》，对东京都行政管辖区域进行了脆弱性评估，并针对各类脆弱性问题提出了增强韧性的策略。

第一节　国际特大城市韧性建设案例分析

在全球化和城市化的背景下，国际特大城市面临着日益复杂和多样化的灾害风险。纽约、伦敦、东京作为国际化程度较高和城市规模较大的代表城市，相继开展了韧性城市建设实践，以增强城市对自然灾害、恐怖袭击、经济危机等不确定性事件的适应能力。

一、纽约

（一）韧性城市建设背景

纽约市位于美国东北部，是美国第一大城市和最大的国际城市之一。纽约市的地理位置非常重要，它坐落在哈德逊河口的北岸，是美国东海岸的门户。由于得天独厚的地理位置和良好的自然条件，纽约市成为美国的经济、金融、文化和娱乐中心。纽约市的建筑群、文化场馆、商业中心、餐饮娱乐场所等丰富多彩，每年吸引着数以百万计的游客前来观光旅游。纽约市被誉为“世界城市”，它对全球经济和金融市场的影响力不容忽视。纽约证券交易所是全球最大的证券交易所之一，美国联邦储备银行纽约分行是全球最重要的金融中心之一。此外，纽约市还拥有大量的高科技企业、文化机构和媒体公司，如纽约时报、哥伦比亚广播公司、华纳兄弟等。纽约市的人口密度非常高。纽约市的人口不仅来自美国各地，还包括来自世界各地的移民和外籍人士。因此，纽约市的文化多元化和社会多元化非常显著。纽约市有数百个社区和民间组织，为不同的社会群体提供各种服务和支持。

然而，作为一个国际大都市，纽约市也面临着许多挑战。例如，城市交通拥堵、贫困和社会不平等、恐怖主义威胁等。为了应对这些挑战，纽约市一直在进行韧性城市建设。纽约市政府不断创新，通过政策、规划、技术和社会参与等手段，提高城市的应对能力和适应能力。例如，纽约市采用了智能交通管理系统、城市应急响应系统等先进技术，以提高城市交通效率和应急响应能力；同时，纽约市还加强了城市的绿色基础设施建设，以提高城市的环境质量和生态保护能力。

纽约市城市韧性建设大约始于2012年。2012年10月，飓风“桑迪”袭击美国，影响了美国24个州，造成160人死亡，经济损失达650亿美元，其中纽约市有43人死亡，造成经济损失190亿美元。“桑迪”袭击后，又遇大西洋和纽约港的天文大潮，纽约遭受了历史上最严重的自然灾害。

具体来看，“桑迪”给纽约带来的影响包括：

1. 43人死亡。

2. 6 500名患者从医院和疗养院撤离，26家医院关闭。

3. 约90 000座建筑物被淹。

4. 110万名纽约市儿童至少一周无法上学。

5. 近200万人失去电力能源供应。

6. 每天近1 100万名旅客受到影响。

7. 14座污水处理厂中的10座无法正常运行。

8. 14条隧道中的9条被淹。

9. 能源供应链中断，导致救灾和城市系统功能恢复难以迅速开展。

除了以上列举的直接影响，飓风“桑迪”还对纽约市的交通、供水、环境等基础设施造成了严重的破坏。其中，公共交通系统受到的影响尤其严重。纽约市官方数据显示，大约三分之二的地铁线路和四分之一的巴士路线在“桑迪”袭击期间或之后数天内无法正常运行，这导致纽约市的交通运输系统瘫痪，大量的居民和游客无法出行。同时，“桑迪”对纽约市的供水系统造成了极大的冲击。由于污水处理厂无法正常运转，废水无法处理和排放，纽约市的污水处理系统陷入瘫痪，成千上万的居民饮用水、洗涤水等供水也受到了影响。在这种情况下，纽约市政府不得不采取紧急的应对措施，包括从外地进口饮用水等。此外，“桑迪”还导致了大量污染物和废弃物的积聚。灾后的纽约市满目疮痍，大量的建筑物和道路被毁坏，许多汽车和其他物品在水中漂流，大量的垃圾和污染物被冲入水中，对环境造成了极大的影响。

"桑迪"飓风的袭击使纽约市在应对自然灾害方面受到了极大的考验。此次灾难得到纽约市政府高度重视，他们开始制订并实施韧性计划，以适应未来更加严峻的气候变化和自然灾害。为此，纽约市政府制定了一系列针对城市基础设施、社区建设、经济发展、社会保障等多个方面的韧性计划，这些计划分别针对不同的自然灾害风险，包括飓风、洪涝、暴雨等。

自进入21世纪以来，纽约先后经历了"9·11"恐怖袭击、金融危机、"桑迪"飓风等灾害，是较早开启韧性建设的城市之一。大体来看，为应对气候变化以及气候变化所带来的自然灾害，纽约市政府早在2007年就制定了《更绿色、更美好的纽约》（*A Greener, Greater New York*）规划，提出了纽约气候适应性项目。2013年制定了应对气候变化的韧性城市计划，提出了一个10年的韧性城市建设项目清单。2015年，纽约发布了更新、更全面的气候韧性建设计划——《一个富强而公正的纽约》，为继续实施应对气候变化路线服务。面对飓风和其他自然灾害，纽约市迫切需要在其他方面提高城市韧性，并采取更直接的应对措施。

（二）强化城市韧性实践

在纽约韧性建设背景下，为提高城市韧性，从联邦到地方政府成立了相关的专项工作部门单位，相关政府职能部门也发布实施系列韧性城市建设的法规文件，自2004年环保署发布的《韧性城市建设规则》，到2006年成立"长期规划与可持续性办公室"，2007年发布《规划纽约计划》，2008年发布《气候变化项目评估与行动计划》，2010年成立"纽约气候变化城市委员会"，2012年发布《纽约适应计划》，2013年发布《一个更强大、更有韧性的纽约》，2014年发布《气候防护计划》《气候风险信息》《韧性评估指南》，2015年发布《一个富强而公正的纽约》，纽约成立了城市韧性建设相关的职能部门，颁布了系列计划、法规及条文，以应对城市风险，提高城市韧性。

2012 年 10 月，“桑迪”飓风登陆纽约地区，洪水淹没了约 8.87 万栋建筑物，造成两百万名居民无水电力供应，经济损失高达 190 亿美元。由于城市的基础设施遭到破坏，居民的正常出行、救护应急抢救、市政抢修及受灾区救援等方面都遭遇极大困难。造成这种现象的主要原因是城市规划相关政策不合理，导致基础设施脆弱、物理韧性缺乏，亟须通过结构性干预来降低建筑脆弱性，同时保障粮食、水、电及通信等城市生命系统，加强燃料供应和道路交通等基础设施，以加强城市物理韧性。在本次飓风中，美国气象部门提前 5 天发布预报，在飓风登陆前 3 天，政府不厌其烦地进行气象预警，在危险低洼地区，警察还通过扩音器进行反复宣传。在重灾区，政府成功组织 37 万余居民进行紧急疏散，开放了 76 所学校作为临时避难所等。纽约虽然存在城市基础设施物理韧性低的现象，但在组织应对中表现出强韧性，在应对灾害的过程中优先考虑了政府当局制订的韧性计划，表现出良好的灾前准备力和灾中应急力，有效提高了应对城市灾害的城市韧性。

目前，纽约已将韧性作为城市发展中必须关注的重要内容，其推广的“韧性社区”是因地制宜的规划策略，旨在通过确定各个社区包括分区和土地利用变化的具体战略来支持社区的活力和韧性。社区作为城市治理的最小结构单元，为应对未来风险做好准备，以“自下而上”的方式推广与普及韧性城市理念，将韧性解决方案纳入多层级空间规划。纽约市主要的韧性策略分为三种：第一，随着科学技术的不断进步，采用已有的充足信息对气候变化采取行动。随着对科学认识的提高，城市领导者对韧性的理解进一步加深，开始利用数字技术实行气候预测和城市气候变化行动计划。纽约市在 2008 年建立了纽约应对气候变化委员会（NPCC），在布隆伯格（Bloomberg）市长的号召下成立了专家团体，定义了“弹性适应途径”的概念，这一概念可用于城市的远期规划。根据最初设想，要求各机构马上开始采用韧性策略，监控城市运转，不断更新对气候风险信息的理解，并响应气候系统和韧性行动的演变。如果城市不从现在就开始采取行动，许多原本就脆弱的城市和居民将不得不遭受热浪、暴雨和海平面上升带来的洪水等严重灾害。第二，规划整个都市区。在应对气候变化的准备中，纽约市正在打造一种城市样本——将整个城市打造成“基础设施全覆盖”的城市。例如，纽约市气候行动特别小组的工作内容就包括协调对接区域交通提供商，负责管理城市内外以及大都市区域的地铁、公共汽车、铁路等交通线路的运营，将城市的交通系统统一联通。灾害和极端事件并不遵循行政边界划分，因此，增强城市韧性的措施不能受限于城市界限。相反，措施需要包括相互关联的能源、水、交通、电信、卫生、保健、食品和公共安全系统。第三，将城市决策者、基础设施管理者、公民社团和其他关键参与者与研究人员聚集到一起，共同参与，就纽约市具体的气候变化脆弱性达成共识。气候变化对每一个城市的影响方式并不相同。例如，一些城市将面临重复和日益恶化的干旱，而另一些城市则可能更容易受到洪水或极端热浪的影响。科学家和利益相关方应该共同努力并且认识到风险所在——每个城市都是紧密相连的。只有意识到这一点，他们才能够找到应对气候变化的有效方法。

以下将对纽约的韧性社区规划实践进行梳理，重点介绍其社区规划传统、应急管理体系、特殊规划工具和整体社区方法等内容。

1. 社区参与机制——197-a 规划。20 世纪，社区规划在北美逐渐普及。社区规划被视为补充自上而下的开发导向规划的一种方法，强调以社区为尺度的规划手段，以应对日益复杂的社会问题，并强调跨部门、跨领域的合作，共同应对综合性问题。社区规划的实践包括邻里单元模式、社区行动计划和社区经济发展等。这些实践旨在推动广泛的社区参与、发展合作伙伴关系、加强地方能力。然而，社区规划也存在规划专业力量和公共行政职能的参与和协调不足的问题。进入 21 世纪，许多城市将基于社区的综合规划作为区域协调规划、筹资和公共服务供给的参考标准，将这种参与式规划制度化，并纳入地方法律和条例。城市规划部门、社区发展机构与当地社区建立伙伴关系，通过非营利机构“社区规划办公室”向符合条件的社区提供技术援助和规划资金，最终形成一个官方批准的综合规划和行动计划，以及执行这些计划所需的政府政策建议。

纽约的参与式社区规划传统在韧性规划实践中具有深远影响，涵盖参与主体、内容、机制和过程等方面。自20世纪60年代以来，以雅各布斯为代表的公民参与社区更新实践对该传统产生了显著影响。1961年，纽约市出现了第一份基于社区的规划——库帕广场社区规划（Cooper Square Community Plan），该规划由民间组织发起，并在1970年得到官方认可。到了20世纪70年代中期，公民已成为土地利用决策的公认参与者，城市法律中也写入了公民参与规划的正式程序。1989年，《城市宪章》赋予社区规划以合法性，其中的197-a法条规定，社区委员会（community boards）就社区内的土地开发、住房问题、经济增长、功能改善、环境或其他社会问题提出规划。这些规划经市规委会（City Planning Commission）审核修订、市议会（City Council）通过、市长签署后，即成为所有社区成员就土地利用和社区服务达成的共识文件。这些规划也是该社区应对外部变化、实现中长期发展目标的愿景性文件，为后续的具体开发计划实施提供政策咨询依据。为了向发起规划的个人或社区组织提供技术支持，纽约市规划局（The Department of City Planning）成立了197-a规划办公室和工作组，并于2002年发布了一本面向社区委员会的《197-a操作技术指南》（*197-a Plan Technical Guide*）。此外，纽约市政府官方网站提供社区的地区、土地使用、人口、住房、社区设施组织等数据，并实时同步人口普查等数据；相关土地分区信息可以在土地利用网络应用程序ZoLa上找到。

在纽约，社区规划的编制主体是当地社区，该规划以社区整体利益为出发点，采用制度化和程序化方式，赋予社区权力，并提供规划技术指导和专业支持。综合型发展规划和专项规划具有法定效力，充分反映了社区需求，保障了地区在面临再开发项目时社区成员的诉求表达和参与权，并培养了一批具有理念、专业和能力的理性参与行动者（如社区委员会、社区组织和在地社区规划师），从社区领袖和核心团队扩展到社区整体参与，彰显了韧性社区规划中的主体能动性。当然，这种规划也存在缺陷，即在追求程序正义和多元平等的过程中，规划协商可能变得冗长和低效。

2. 应急管理体系——社区应急管理网络。21 世纪以来，纽约市面临着极端天气、人为事故和恐怖袭击等外部风险的频繁影响。为了提高城市的韧性，纽约市连续发布了三个城市规划版本：2007 年的《更绿色、更美好的纽约》、2013 年的《一个更强大、更有韧性的纽约》和 2015 年的《一个富强而公正的纽约》。在 2015 年飓风“桑迪”之后，纽约市环境法委员会领导制定了《更强大、更公正的城市计划》，强调韧性城市建设中土地利用政策的重要性和社区作用。在此基础上，纽约市成立了市长韧性办公室，由城市规划师、建筑师、工程师、律师和政策专家组成，通过引智和转译前沿气候科学和数据，引领政策制定、资本投入和公众参与，并创建相关工具以领导跨部门合作，增强公共机构、企业、社会组织和个人的应对能力。此外，纽约市规划局通过制订交通增长计划、设计可步行街景和节能建筑等措施，努力减少能源消耗，并与社区合作，增强其灾害识别、应对和恢复能力。在社区层面，纽约市制定了《社区应急规划》（2017），该规划由纽约市应急管理局和市长办公室社区伙伴中心牵头，多部门联动，旨在通过社区资源评估、社区网络建设和社会资本累积等方式，建立社区应急管理网络，增强社区在风险准备、风险反应、风险恢复和风险缓解等方面的韧性。社区应急规划的主体包括参与规划和土地利用审查机制的主要利益相关方和多方组成的社区应急响应团队（CERTs），成员包括社区委员会、地区议员、社区社会组织和涉及住房权利、气候变化、残疾人权益和枪支暴力等的专业非营利组织。社区应急响应团队定期开会，并与所服务的社区建立密切联系，是社区风险治理的核心力量。

《纽约市应急管理工具包》是一份为社区应急规划量身定制的交互式小册子，可供住房开发部门、租户或公民协会、社区委员会或联盟、社区组织或社区应急小组使用。该工具包提供了应急管理标准化培训和实施框架，回顾了纽约市可能面临的各种紧急情况，包括飓风、热浪、火灾和公共设施服务中断等，同时概述了社区在缓解风险方面的关键反应作用。该工具包还提出了社区应急规划的一般步骤，包括定义社区类型、评估社区资源、发展沟通机制、组织协同志愿者、界定社区空间和融入社区规划等。尤其强调在灾害准备阶段收集社区信息和梳理社区资源的重要性。这些适用资源目录可以建立一个可能在应急响应中解决社区需求、发挥重要作用的社区合作伙伴网络。同时，该工具包的多中心风险治理机构可以有效补充自上而下的科层结构，对于风险初期的不确定性有较快的反应能力，也能呈现较好的自发性。同时，不同层级的规划目标设定、职能部门设置和社区网络的建立，为韧性社区规划提供了制度韧性。然而，其弊端是缺乏长期恢复和适应阶段所需的协同性和执行力。

3. 弹性规划工具——特殊区划。城市规划中除了基于《城市宪章》的社区规划机制外，还存在一些特殊规划工具，用于实现特定社区的韧性建设目标。这些规划工具是为了满足生态保护、住房保障、社区发展等方面的需求而设置的补充性规则，适用于不同类型的开发和公共空间设计。例如，普惠性住房计划、私有公共空间（计划）和生鲜食品店计划等措施提供了区域激励，以鼓励公共要素的开发，如生态韧性、可负担住房、公共空间和服务型业态等。以滨水社区为例，该地区的特殊规划工具是城市规划中的重要组成部分。

纽约市的水岸线长达520英里，包括复杂的水系，容易受到气候变化的影响，例如海平面上升、极端风暴和热浪等。为了更新衰退的工业岸线，增强环境韧性、促进休闲娱乐和加强开发强度成为水岸再开发的三大目标。因此，197-a规划和特殊分区工具在滨水社区的城市规划中具有重要地位。1993年，纽约市通过《特殊分区条例》规定了新开发项目的形式、体量和位置，以及滨水公共出入口的数量和质量，并规范了码头、平台和浮式结构物等特殊设施的使用。2009年市规划局修订了《水岸公共通道设计标准补充条例》，以确保滨水社区的房地产开发具有吸引力和良好的公共开放空间，并增加滨水绿化。1992年至2010年，共通过了9项涉及滨水社区的197-a规划，占所有既有社区规划的70%。这些规划中的许多目标已经实现，特别是“建设大量滨水社区的公共入口”目标，如1997年的“曼哈顿滨水区综合

197-a 规划”、1997 年的皇后区“史岱文森（Stuyvesant）海湾 197-a 规划”和 1996 年的“布鲁克林红钩区（Red Hook）197-a 规划”。

2012 年飓风“桑迪”的来袭，让纽约市认识到水岸社区的脆弱性和更大的潜在风险。为此，该市采取了详细的韧性社区行动计划，扩大洪泛区域，加强防洪基础设施建设，提高洪水保险费用支出，以增强水岸地区的韧性。2013 年 10 月，纽约市规划局通过了《洪水恢复分区规划文本修正案》，按照联邦紧急事务管理局新的洪水地图更新了分区文本，同时取消了限制房主和开发商改建物业以应对飓风洪水侵袭的条款。该修正案要求现有和新建建筑在洪泛区域内都要满足更高的防洪要求，并针对受飓风“桑迪”影响的地块制定了邻里恢复的特殊条例，切割分区地块以方便灾后重建，加速社区恢复。2019 年，纽约市规划局与洪泛区居民和业主合作更新完善防洪韧性区划标准，以便在全市范围内推广。除了改变分区和土地使用外，这些研究还确定了一些通过基础设施投资和其他政策与计划提高防灾能力的项目，这些项目的研究资金来自美国住房和城市发展部下属社区发展部的灾难恢复补助金。纽约市选择了五个行政区中遭受洪水严重破坏的特定社区作为“韧性邻里倡议（2019）”的对象。但纽约市的土地分区法无法完全解决这些社区所面临的问题。该倡议在专门的项目部门“灾后恢复和韧性建设市长办公室”（Mayor's Office of Recovery and Resiliency）的领导下，制定了增强社区、建筑和基础设施抵御洪水和其他气候灾害并迅速恢复的能力的总体框架，由市规划局与被选定的受影响社区合作，协商确定该社区的特殊问题，进而制定实施韧性社区规划。此外，政府和社区在更新完善防洪韧性区划标准方面也有密切合作。同时，纽约市规划局与洪泛区居民和业主合作，以完善现有的防洪标准并推广应用于全市范围内。

为了提高滨水社区规划的专业性以应对频发的气候和社会风险，非政府组织“水岸联盟”（Waterfront Alliance）聚集了数百位设计、科学、社区发展、工程和保险方面的专家和学者，设计了一个自愿评级系统和一套指导方针（即 Water Edge Design Guideline）。该指导方针强调滨水社区规划的生态韧性和社区可达性，通过教育专业人士和吸引社会组织等方式得以推广。

4. 整体性社区方法——可持续社区规划。城市应急管理部门、社区应急网络核心成员和特殊规划工具虽然是重要的社区韧性规划体系，但其适用性相对较弱。整体性社区方法则是一种更具有普遍性和可持续性的社区韧性规划体系，其核心理念在于强调整个社区及其所有成员在风险准备与应对中的权利和责任。该方法鼓励社区建立基于地方研究和协同治理的整体性社区韧性规划系统，从而实现可持续发展的目标。纽约作为移民城市，其多样性和民主社区规划传统已逐渐融入韧性社区建设的目标中。该城市主张实现社会韧性，让所有居民都能够应对风险冲击，共享城市发展的成果。白思豪市长制定了《纽约住房十年五区计划》，该计划的核心战略是创建负担得起、宜居和健康的社区，以住房、经济发展和社区资源为重点，探讨如何为创建一个公正、公平、包容和繁荣的城市做出贡献。白思豪市长提出了增加 20 万套保障性住房的目标，并基于《城市宪章》的要求提出了更为深入的参与式社区规划要求。纽约市规划局启动了 PLACES 计划，强调深度在地调研的方法，并改变了纽约市政府在社区规划中的传统角色，由政府自上而下地发起，通过组织有意义的社区参与，将政府机构、民选官员、社区组织和各类纽约居民纳入其中，以培育多元化、宜居社区，并提供混合收入住房和配套服务，从而营造一个更加开放、包容的社区。

PLACES 计划起源于在地社区研究，旨在解决社区土地使用和分区问题，并提出更广泛、更综合的规划设想。该计划侧重于审视社区需求，确定支持社区发展和建设的综合战略和投资组合，同时优先考虑保障性住房、社区经济发展、基础设施完善和社区公共服务。与以往市场主导的地区开发模式不同，该计划强调市规划局在社区综合规划、项目预算和开发执行等方面的核心地位，以网络治理的方式联动多个市级职能部门和其他利益相关者，协同推进社区发展。纽约市长还设立了一个 10 亿美元的社区发展基金，用于建设社区基础设施和培育在地研究能力。PLACES 计划的实施流程包括四个阶段：听取和学习社区代表、居民、社区组织和民选官员的看法；形成社区愿景并归纳总结成一套目标和优先事项；起草邻里计划并进行公开评审；最后实施计划，包括启动分区变更程序和其他建议的依序启动。

PLACES 在纽约的 5 个行政区选取了 9 个试点社区，这些社区多为滨水、生态脆弱的老旧社区，面临经济衰退、环境污染严重、空间利用率低等问题。在一至两年的前期地方调研过程中，专业社区规划团队组织多次社区工作坊和研讨会，邀请区长、市议员、工会代表、居民代表、商户代表、社会组织代表，以及市规划局、住房发展局、小商业服务局、金融局、市经济开发公司等 10 余家政府部门参与。在全面性社区学习的基础上，评估社区现状，整合多方资源，最终达成社区规划目标和策略共识。纽约市规划部门将社区框架提交给社区委员会，作为下一步用地调整的基础性文件。在社区框架的基础上，市规划局牵头发起地区综合性再开发计划，将增加保障性住房、工作岗位、生态韧性、公共空间品质及资产价值等作为优先开发目标。相较以往自下而上的社区规划，该项由政府推动的可持续韧性社区规划具有如下特点。首先，对既有政策和规划进行整合。例如，利用“强制性包容住房项目”保证可负担住宅增量，借助“产业商业区”政策工具保留一定比例的生产性空间和社区就业岗位。其次，打造韧性社区规划示范区。大多数滨水社区因具有较长的运河滨水地带而被纳入特殊区划范围。此次邻里计划将泛洪区排水基础设施、社区成员的应急规划参与等作为重点，突出了韧性规划主题。最后，该规划鼓励包容性混合使用，提出在强制性包容住房项目的基础上推动混合用途开发，包括保障性住房、社区设施、商业零售和开放空间，旨在引导有序的开发资本进入社区。

整体性社区方法是前述社区参与、应急网络和规划工具等实践的整合，旨在通过完善市政府引导、职能部门牵头、多方协同的治理机制，引导多元主体有组织地参与规划编制，加强公私部门间的合作，吸引市场和社会力量参与社区韧性建设和可持续开发。尽管该项目将社区视为整体并联动了韧性规划中的各个要素，但由于周期长、程序多，存在受政治选择和市场偏好的限制。

（三）城市韧性指标体系

在应对城市风险的实践背景下，为修复飓风“桑迪”带来的灾难影响，全面降低纽约气候变化带来的灾害风险，纽约制定了较为完善全面的韧性计划，以提高城市应对风险能力为主要目标，以加强基础设施建设和灾后重建能力为突破口，实施气候现状及变迁分析、城市基建、人居环境优化等内容。许多专家学者在城市韧性研究基础上，建立了不同的城市韧性指标体系以及利用指标进行韧性评价。

周广坤等（2019）按照上位规划的具体要求，对纽约滨水区域综合评估体系进行研究，利用在纽约政府部门支持下建立的滨水区建设委员会所负责建立的韧性指标体系进行分析，他们将评估指标汇总成七个专项内容，并构建指标体系进行评价（见表 2-1）。

表 2-1　纽约滨水区域综合评估指标框架

评估专项框架	评估内容概述	社区商业型（最高分值）	绿化公园类（最高分值）	工业海运类（最高分值）
选址和规划	通过更好的选址应对气候变化、海平面上升和沿海洪水的影响，韧性化、合理化地规划和开发滨水区域	16 项指标，共计 43 分	10 项指标，共计 32 分	17 项指标，共计 54 分
公共联系	加强城市腹地与滨水区域在物质空间、视觉体验、历史文化上的联系	36 项指标，共计 96 分	34 项指标，共计 78 分	14 项指标，共计 38 分
韧性岸线	设计一个有韧性和对生态有益的滨水岸线	23 项指标，共计 102 分	23 项指标，共计 102 分	23 项指标，共计 96 分
生态与栖息地	保护现有的栖息地，增强滨水区域生态系统稳定性和生物多样性	17 项指标，共计 68 分	16 项指标，共计 66 分	8 项指标，共计 36 分
材料与资源利用	使用具有环境适用性、环境友好性的材料和资源，并对建设过程中的资源利用情况负责	21 项指标，共计 40 分	20 项指标，共计 39 分	24 项指标，共计 49 分

续表

评估专项框架	评估内容概述	社区商业型（最高分值）	绿化公园类（最高分值）	工业海运类（最高分值）
运维管理	涉及项目的全生命周期，包括持久的维护策略、未来气候变化准备工作以及促进滨水区域的宣传推广	8 项指标，共计 32 分	5 项指标，共计 20 分	6 项指标，共计 24 分
创新措施	采用目前未包含在导则中的创新设计和策略	2 项指标，共计 20 分	2 项指标，共计 20 分	2 项指标，共计 20 分
小结	—	401 分	357 分	317 分

马达耶维奇（Madajewicz，2020）根据记录飓风“桑迪”的影响和灾后恢复原始数据，构建了独立于拟议的脆弱性和韧性的衡量指标（见表 2-2），并使用了回归分析来说明哪些指标影响它们。研究发现：中低收入的房主比租房者在财务上更不稳定，韧性随着收入的增加而增加；慢性疾病居民在许多指标上表现更脆弱；非白人家庭中断食物时间更长；信息和社区群体对灾害反应能力及其在灾前获得保障等服务的机会是韧性的重要指标。最后，研究从投资角度为纽约市和其他沿海或易受洪水影响的城市给出了提高韧性的政策建议：城市财政可能会对韧性做出显著贡献，根据风险所带来的居民财物问题和损失情况制定相应的防洪计划政策，考虑有慢性疾病的家庭特殊需求，加强社区团体和非政府组织收集信息和采取行动的能力。

表 2-2　纽约城市居民社区对沿海洪水韧性指标

Resilience（韧性）
Whether the household was displaced from the home（家庭是否被迫离开家园）
Whether the household's access to food was disrupted（家庭获取食物是否中断）
Whether the household's access to health care was disrupted（家庭获取医疗保健是否中断）
The amount of money that the household spent on the recovery out of pocket, unreimbursed, as a fraction of annual per capita income（家庭在恢复过程中自掏腰包、未报销的开支占年人均收入的比例）
Whether the household had flood insurance when Sandy struck（“桑迪”飓风来袭时家庭是否有洪水保险）

续表

Whether anyone in the household lost a job as a result of the storm（家庭中是否有人因风暴而失去工作）
The decline in household savings as a result of the recovery（家庭储蓄因生产生活恢复而下降的金额）
Whether the household is in debt as a result of the recovery（家庭是否因生产生活恢复而负债）
Whether the home is rebuilt to at least its pre-Sandy state（是否将住房至少重建到“桑迪”飓风前的状态）
How much time was required to rebuild the home（重建住房所需的时间）
How long the household had mold in the home（家庭中霉菌问题持续存在的时间）
How long the household was displaced from a permanent home（家庭被迫离开固定住所的时间）
How long disruption in access to food continued（获取食物中断持续时间）
Whether the respondent took any actions to reduce future flood damage to the home（受访者是否采取任何行动来减少未来洪水对住房的损害）

二、伦敦

（一）韧性城市建设背景

伦敦是英国首都，与纽约、香港合称为“纽伦港”，对于欧洲乃至世界政治、经济、文化、教育、科学技术等方面具有较强影响力和辐射作用。伦敦城市人口在890万人左右，五分之一的地区位于泰晤士河平原，城市基础设施老化，主要面临城市洪涝、海平面上升、空气污染的自然风险，以及犯罪暴力和疾病暴发的社会风险。目前，伦敦为气候变化制订的行动计划聚焦于短期内净零排放①目标，对以上风险缺乏有针对性的法规和战略引导。

在伦敦韧性建设背景下，为提高城市韧性，英国将韧性城市理念与国家的韧性战略紧密结合，成立了“气候变化和能源部”，同时设立了专职公务员专门负责制订韧性城市计划。自2001年起，伦敦已建构起多元参与共治的“气候变化公私协力机制”，出台《英国气候影响计

① 当一个组织在一年内所有温室气体（CO_2-e，以二氧化碳当量衡量）排放量与温室气体清除量达到平衡时，就是净零温室气体排放。

划》，为应对洪水风险冲击，制订公园和绿化计划，同时计划更新和改造居民家庭用水和能源设施。2011年，为提高城市应对极端气候的能力并提高居民生活质量，伦敦发布了《城市气候变化适应战略——管理风险和增强韧性规划》。该规划建立在气候变化的基础之上，从经济、环境、健康和基础设施建设四个维度出发，基于城市韧性演变的机理（预防—准备—响应—复原）制定了不同的措施，以减少极端气候变化对城市韧性产生的影响。在该规划的指导下，伦敦已成立了世界一流的多机构应急基础设施，并针对极端环境问题开展了一系列行为战略。但是，伦敦作为一个全球性城市，除了极端天气会对其造成影响外，人们对城市的美好生活愿景也为城市韧性建设的发展带来了新的挑战。因此，2020年2月，伦敦市发布了首份完整的韧性战略——《伦敦城市韧性战略》。该战略提出，为了实现伦敦市的可持续发展，应以系统、科学的思维看待城市发展，提高城市韧性。相较于之前提出的战略计划，该战略的提出不仅考虑了如何应对自然灾害，也将人本思想嵌入战略城市规划之中，考虑了城市长期的抗风险能力，并开始思考应对策略和市民行为。

《伦敦城市韧性战略》是伦敦首次以“韧性”为核心理念的城市发展战略，它确立了伦敦城市治理的发展方向，也意味着基于“韧性”思想，形成了一套系统而科学的韧性城市发展战略。该战略指出，具有韧性的城市系统有以下主要特征：包容的、融合的、适应的、内省的、资源丰富的、强健的和富余的（如表2-3所示）。英国由于紧缩政策和不断累计的压力，极大地削弱了警察、国民卫生服务等这类重要的公共服务，脱欧也使其贸易和食品的供应链受到不同程度的影响。《伦敦城市韧性战略》中提出了以预防为第一要务的基本原则，设计具体的预防和治理方向，将“韧性”作为解决问题的线索，填补治理机制不足，全面提升伦敦的韧性和应对能力。此外，伦敦也参与了“全球100韧性城市”国际合作项目，积极探索“韧性城市”治理理念的城市创新实践，增强伦敦人的韧性、空间韧性和响应程序的韧性。

表 2-3　伦敦韧性城市系统的主要特征

特征	内涵
包容的（inclusive）	基于利益相关者广泛的咨询和参与
融合的（integrated）	在不同的系统、机构和领域之间建立联系以促进收益最大化
适应的（adaptive）	设计灵活，愿意并能够根据环境变化采用其他选择
内省的（reflective）	从历史中吸取教训，指导未来决策
资源丰富的（resourceful）	使用可替代的资源来实现目标
强健的（robust）	设计合理，经久耐用，精心构造和管理以降低失败的风险
富余的（redundant）	拥有富余的能力以应对突发情况

（二）伦敦打造韧性城市的挑战和压力

在韧性城市建设过程中，伦敦可能面临各种挑战，这些挑战可能会影响城市运作和市民的日常生活。与其他城市一样，伦敦的城市韧性战略不可能详尽列出未来可能面临的所有风险，因为一些风险是我们当前难以想象的。伦敦与英国其他地区和世界其他城市有多种复杂联系，包括公用事业、电信、食品和商业供应链等涉及全球的方面。这些破坏可能是由突发冲击事件引起的（例如新冠疫情和脱欧事件），也可能是由长时间积累的慢性压力所致。需要认识到，慢性压力会增加突发冲击事件发生的可能性，并可能放大其影响，从金融和个人、社区层面增加恢复的时间和成本。因此，识别这些冲击和压力，并从整体上为市民、社区、企业和治理机构提供支持，将有助于伦敦政府满足社区需求、降低风险和脆弱性，并实现长期的城市韧性。

城市面临着突如其来的冲击事件，例如洪水、干旱、暴风、气候变化、恐怖袭击、互联网攻击、基础设施老化、全球疫情等，这些事件可能会立即破坏城市运行，产生大范围的意外影响，并引发次生灾害。由于泰晤士河是潮汐河，未来的海平面上升可能对其产生影响，因此需要复杂的屏障与其他防潮和防洪系统。尽管伦敦被视为一个寒冷潮湿的城市，但事实上，伦敦的降雨量正在逐渐减少，出现了越来越多的干旱警告。突发性事件（如热浪）也给伦敦的基础设施带来了压力，运输、电力和电信基础设施有可能停止工作，从而中断日常生活和业务，使伦敦居民更难获得应对其他影响所需的帮助。伦敦的多个部门依赖于来自欧洲和其他国家的海外劳工，包括金融服务、卫生服务、酒店和食品等领域。虽然这种劳动力优势赋予了伦敦开放包容的文化，但英国脱欧有可能导致国际贸易中断，可用劳动力和人才数量减少，机构和投资也有可能迁出伦敦以保持与欧盟的联系。

城市长期受到的慢性压力可能导致其结构削弱，最终引发突发性的重大冲击事件。这些压力问题包括社会融合不足、不平等、空气污染、食品安全问题、高房价、基础设施老化、健康问题和英国脱欧。伦敦作为全球金融中心，其贫困和种族隔离问题突出，且收入不平等现象比英国其他地方更为明显。家庭和社区面临的长期压力，如日益扩大的收入差距和负担不起住房等问题，使得它们更容易受到突发性冲击事件的影响。此外，长期的慢性压力也可能加剧突发性事件的影响。例如，在维多利亚时代的水循环系统中，渗漏造成的水流失加剧了伦敦的干旱状况。定期的热浪可能导致空气质量恶化，对伦敦居民的健康状况产生负面影响，并损害他们有效管理健康和福祉的能力。

伦敦所面临的各种慢性压力相互作用，对城市居民和社区的长期影响难以明确和量化。若不能有效理解和应对这些压力，可能会给城市的安全治理和恢复力带来不利影响。例如，伦敦的住房策略指出，高级技工如护士和社会护理人员难以承担得起在伦敦的生活。除了这种根本性不公平之外，如果没有足够的劳动力来担任这些角色，可能会给许多伦敦居民的健康带来巨大挑战。此外，英国脱欧也可能对这些关键技工的市场供应造成额外压力。

除了从整体层面考虑城市人口，城市韧性还需关注跨社区的社会融合。城市规划可以提供可负担的住宅、工作场所、商业空间和医疗保健服务等功能，但个人之间建立的社区联系同样至关重要。缺乏这些人与人之间的联系和社区生活，个人和家庭就无法建立个人安全网，城市就会变得越来越脆弱，一旦发生冲击，将难以应对。因此，伦敦的韧性规划需要促进人与人之间的联系，以促进社区生活的繁荣。为此，社会基础设施、志愿服务和公民参与应该是伦敦发展计划的重要组成部分，以建立社区居民的社交网络，从而增强城市的基础韧性。

（三）伦敦打造韧性城市的主要战略举措

提高适应能力，防患于未然，将有助于伦敦及其居民有效应对未来可能出现的冲击和压力，而不必等到发生危机时才采取应对措施。2020年，伦敦市政厅发布了《伦敦城市韧性战略》。这项前瞻性的城市韧性战略提出了强大而完善的解决方案，以应对当前的风险和潜在的紧急情况。该战略分析了伦敦面临的长期韧性挑战，并提出了不同的方法来应对未来可能出现的不同风险。伦敦的城市韧性战略基于"3P"工程（人、地方和过程），即以人为本的韧性工程、打造韧性的基础设施和保持韧性的城市治理过程。人的韧性强调打造更韧性的社区，地区的韧性关注打造更韧性的自然环境和基础设施，而制度韧性则是设计更韧性的治理措施。这些韧性工程将有助于伦敦实现更具韧性的愿景，但它们不应被孤立地看待，相反，它们之间有着紧密的联系和互动。该战略提出的每个行动方案都可以相互联系，并提供多种韧性收益。下文通过三个韧性工程来介绍伦敦打造韧性城市的主要战略举措，并举例说明为何这些举措对于伦敦的韧性和城市安全治理至关重要。

1. 以人为本的韧性工程。以人为本的韧性工程旨在增强社区的韧性，以更好地应对破坏性干扰。食品安全意味着所有伦敦居民都应该有权获得健康的食物，并且负担得起食物，无论他们住在哪里，个人情况如何，收入高低如何。然而，数据显示，在伦敦，有150万成年人和40万儿童的食品安全水平低下或极低，他们由于资源有限而无法获得足够的食物。食品不安全反映了更广泛的贫困问题，包括低薪、惩罚性的福利机制和高昂的住房成本。伦敦的食品供应链依赖于复杂的相互依赖关系和及时交付系统，其效率在全球范围内名列前茅。然而，这种效率对城市的韧性产生了影响，破坏食品供应链可能会不成比例地影响伦敦居民脆弱的食品安全问题。

2018年12月，英格兰银行行长马克·卡尼（Mark Carney）警告称，硬脱欧或无协议脱欧可能会导致食品成本上涨6%至10%。除此之外，其他因素也可能导致供应链中断，进一步加剧食品不安全问题，危害更多伦敦居民的健康，同时威胁到弱势居民依赖的食品供应项目。在无协议脱欧的背景下，伦敦的城市韧性战略将全面探索食品供应可能面临的影响和潜在的破坏性，并评估现有治理和政策的有效性，以及规划降低风险的措施。这项工作将致力于增强食品安全韧性，以应对气候变化的影响。伦敦的韧性规划已完成建模，制定了无协议脱欧背景下新鲜食品供应中断对食品系统各个部分影响的时间表。这些数据将有助于中央政府制定政策，以提高伦敦的食品安全韧性。同时，这些数据提供了有关食品系统不安全的证据基础，表明需要增加首都的食品供给，并支持开发更具韧性的食品系统。此外，这些数据还将用于制定措施，以应对弱势群体面临的风险，并向地方当局和其他相关组织提供食品不安全的证据，以保护部分脆弱的伦敦居民。

伦敦城市韧性战略将展开进一步研究，以确定增强韧性的优先干预措施，重点关注批发市场、街头摊贩和区域供应链对弱势伦敦居民食品安全的影响。探索伦敦周边农场向弱势居民群体出售农产品的途径，包括社区交易模式。考虑到大量食品需要从欧盟成员国进口，无协议脱欧可能会严重破坏伦敦的食品供应链，因此伦敦城市韧性战略特别成立专项工作组，致力于保障伦敦居民获得食物，主要集中于新鲜食品的供应。通过一系列研讨会，漏洞被映射到整个食品供应链中，包括分配系统的破坏后果及其对零售商、市场和家庭的影响。当前国家食品供应系统也是一个同样复杂的系统，是几十年来通过国际自由贸易和市场力量取得的成果，尤其是欧洲市场的贸易自由化。在这样的背景下，伦敦食品网络改革在许多方面都面临复杂的挑战，例如快速跨境交付和及时交付需求管理。为了增强内部的抗干扰能力，保障国家一级的食品供应系统，打造伦敦的食品安全韧性需要进一步努力。政府通过城市韧性战略致力于解决食品不安全问题，实现城市的安全治理。

2. 打造韧性的基础设施。伦敦的城市韧性战略工程的第二部分主要关注基础设施的可持续性和韧性，以保障城市的稳定运行和居民的生活质量。以下是一些具体的措施：

（1）改善水循环系统。伦敦的水循环系统需要改善，以应对干旱和极端降雨等气候变化的影响。伦敦市政府正在实施一系列措施，包括改善供水管道、提高污水处理效率、建造雨水收集系统等，以确保城市的水资源利用更加可持续和具有韧性。

（2）创造共享空间。共享空间是指不同用户共享同一空间的概念，例如共享停车场、自行车道等。通过创造共享空间，可以减少城市的资源消耗，提高城市的可持续性和韧性。

（3）保障公民的数据安全。随着数字化进程的加速，伦敦市政府需要确保居民的数据安全，防止数据泄露和滥用。伦敦市政府正在加强对个人数据的保护，推出更加安全的数字化解决方案。

（4）应对互联网危机。伦敦市政府正在建立应对互联网危机的机制，以应对网络攻击、数据泄露等事件。该机制将涉及多个部门的协作，包括 IT 部门、安全部门、应急管理部门等。

（5）运用大数据改善基础设施。伦敦市政府正在利用大数据技术来改善城市的基础设施，例如利用传感器和智能控制系统来优化交通流量、改善能源利用效率等。

（6）零排放基础设施。为了应对气候变化和空气污染问题，伦敦市政府正在推动零排放基础设施的建设，包括电动汽车充电站、可再生能源发电设施等。

（7）安全的居住环境。伦敦市政府正在加强住宅建设的规范，以确保新建住宅的安全性和可持续性。同时，伦敦市政府也在推动旧有住宅的改造和升级，以提高其安全性和可持续性。

伦敦市长办公室认识到伦敦实现可持续发展目标的关键是提高城市的韧性。伦敦的零碳排放目标和应对气候变化的紧迫需求需要改变和增强城市的基础设施建设。然而，这需要未来几十年的投资和行动，而伦敦人口的稳定增长使这项任务变得更加困难。为了应对这一挑战，伦敦制定了城市韧性战略，并通过政策和战略规划说明了通过基础设施建设应对气候危机的方式方法，例如交通、住房和环境等方面。但在政策实施中仍存在许多挑战，例如确定去碳化或增强气候韧性的最佳方法可能具有挑战性。

为实现韧性基础设施与零碳排放的未来目标兼容，伦敦的城市韧性战略旨在最大限度地应用可用工具，明确利益相关者的期望并引入新的措施和行动指南，以使韧性和减碳成为伦敦每项基础设施决策中的考虑因素的核心。该工程将依托基础设施协同和气候危机应对的合作行动，通过创新融资方式和完善法律法规加速政策实施。此外，该工程还旨在将气候可持续性和韧性目标纳入伦敦的基础设施协调计划，制定跨部门的气候解决方案，并增加韧性投资，同时确保伦敦居民负担得起这些新的服务。通过空间规划系统的分析，该行动方案将明确实现韧性和去碳化的行动指南，协助基础设施提供商、地方政府和其他机构的决策制定，将气候解决方案纳入常规干预措施和投资项目之中。

3. 保持韧性的城市治理过程。伦敦作为全球化城市，面临着多重挑战和冲击，而城市韧性是实现城市可持续发展的核心要素之一。除了应急规划，好的城市治理需要具备了解政策和战略影响、创新和适应能力等多重手段，以应对不断变化的环境。因此，伦敦必须不断提升其应对突发破坏性事件的能力，并减轻潜在的冲击和压力。为了实现这一目标，必须将韧性思维和监测、管理风险的能力融入城市安全治理结构中。此外，伦敦并非孤立存在的城市，因此必须同时考虑本地、国家和国际层面的挑战。为制定更具有韧性的政策，必须从长远角度思考未来的韧性挑战，提高与世界各地城市的合作并共享知识和实践，以便为伦敦和全球城市的居民提供更好的解决方案。

21 世纪是数字化和信息基础设施快速发展的时代，伦敦是数字化技术全球领先城市之一，具有提高韧性能力的优势。通过收集和分析伦敦的数据，可以提高服务效率并更准确地建模，帮助城市提升韧性。因此，伦敦必须利用数字化技术的优势，不断创新并适应变化的环境，以增强其城市韧性。

（四）城市韧性应对体系

伦敦城市韧性体系主要基于 2013 年由洛克菲勒基金会所提出的城市韧性体系建设框架。2020 年 3 月，伦敦市政府在城市韧性框架

（CRF）下对包括规划战略、环境战略、交通战略、技能战略、融合战略等在内的多个市级重要战略进行了分析评估。评估结果表明，目前城市韧性战略已全面覆盖健康和福祉、经济和社会、基础设施及环境四个维度。在应对城市风险的实践背景下，伦敦主要要求提高应对突发事件的能力，提高城市间在反恐方面的合作；通过向公众发布所面临的风险信息、建立社区韧性和发起“社区韧性周”的方式与各利益相关方合作，共同开发情境演习，创造让公众切身参与体会的机会；另外，伦敦针对数字交易会对老年群体带来风险这一情况，开展了无现金社会风险影响研究，明确其对社会韧性的影响，推出适合的政策支持相应的弱势群体。伦敦在基础设施建设、交通建设、供应链完善方面也明确了相应的应对体系（见表 2-4）。

表 2-4　伦敦韧性发展应对体系

城市	韧性战略规划名称	应对气候变化			基础设施升级		安全包容的社会经济环境		
		减排节约建绿	灾害监控预测	应对突发灾害	升级涉水基础设施	保障食品供应、医疗服务与公共交通	优先保障安全	强化社区韧性	营造包容性环境
伦敦	《伦敦城市韧性战略》	基础设施零碳化；推广节水措施；建设绿网	跨部门协作；统一数据标准；强调数据与模型	建立应急部门与治理模式；市民应急教育	水循环	食品供应研究	网络、住房安全；反恐合作	建立社区韧性，情境演习	经济韧性研究；评估无现金社会影响

具体来看，伦敦城市韧性体系构建主要包括定义韧性城市、识别城市的主要风险和长期压力、描绘韧性伦敦的理想愿景、制订行动计划和韧性体系四个步骤。

第一，定义韧性城市。伦敦韧性城市战略认为“韧性城市”应包括包容、整合、适应、反思、随机应变、稳健、余量七个方面。“包容”是通过沟通协调达成利益相关者的目标，并获得他们的广泛参与；

“整合”的最终目标是收益最大化，而收益最大化则要以系统、学科和机构相联系为前提；“适应”是指可以替代的多场景应用；“反思”是指通过过去的经验，为未来的决策提供经验证据；“随机应变”是指利用现有的资源发现可替代性的方案；“稳健”是指通过科学、可靠、设计良好的方案以减少失效风险；“余量”是指城市内的内置余量应对可能的灾害造成的城市崩溃。

第二，识别城市的主要风险和长期压力。只有了解并识别城市所面临的压力和风险，才能制订相应的行动计划。根据伦敦城市韧性战略的观点，我们可以从伦敦风险登记册（London Risk Register）识别伦敦目前面临的冲击和压力。伦敦风险登记册是由伦敦韧性论坛于 2021 年发布的，包括背景分析、灾害识别、定位评估、风险分析、风险应对、监测回顾等步骤。根据伦敦风险登记册，目前伦敦所面临的风险是由气候变化所带来的，如极端天气以及极端天气所带来的热浪、风暴、洪水、干旱等。而伦敦市面临的主要压力包括社会融合问题、平等问题、环境问题、食品安全问题、住房问题、基础设施问题、脱欧问题等，这些问题所产生的压力都会极大地影响城市功能。例如，经常性发生的热浪问题会导致环境恶化，进而影响市民生活质量。此外，各类压力彼此之间还会相互产生作用，若不能及时处理这些压力，可能会对城市管理和城市恢复产生不利影响。

第三，描绘韧性伦敦的理想愿景。在未来十几年乃至几十年的城市发展过程中，伦敦面临的压力和冲击是变化发展的，甚至难以预测。通过战略设计可以提高伦敦市应对不同情况的能力并做好充分的准备，在遭遇外部冲击时更快更好地恢复城市正常运行。根据战略规划，2050 年伦敦将实现五大愿景：①以有韧性的市民为出发点，积极参与城市生活；②能够适应不断变化的社会、经济的脆弱性并满足本地社区的需求；③有能力制定应对长期压力的韧性措施，将未来的挑战转化为机遇；④调动集体智慧，为当代和后代改善社会福祉；⑤为应对所有类型的冲击不断准备和发展，将复原力作为日常思考和行动的一部分。

第四，制订行动计划和韧性体系。韧性城市是指将韧性融入城市治理过程。为此，伦敦城市治理的重点集中在如何在治理结构中融入韧性的理念，以提高伦敦市的创新性和适应性，更好面对不断变化的国内外形势。具体来看，伦敦市城市韧性评价体系包括韧性的人、韧性的场所、韧性的过程三个维度（见表2-5）。

表2-5　伦敦城市韧性评价体系

韧性行动维度	行动	具体内容
韧性的人	行动A1：急救	为市民提供急救教育，使其在紧急情况下能够有应变能力和准备
	行动A2：极端热浪管理	建立清凉点网络，帮助伦敦人在夏季热浪中应对高温
	行动A3：可持续用水	探索减少水资源浪费的方法
	行动A4：食品安全	通过了解伦敦的食品供应及中断的影响，缓解食品不安全的问题
	行动A5：社会风险沟通	通过制定向公众传达风险的方法，提升社区韧性
	行动A6：场景规划和剧场	利用文化和戏剧等形式做宣传，使市民对紧急情况有所准备
韧性的场所	行动B1：继承的循环水系统	改善伦敦的基础水系统，增加水的循环利用
	行动B2：鼓励临时空间的使用	为伦敦临时空间使用框架的编制确定范围。框架包括参与者和相应职责、运营模式、长期战略等内容
	行动B3：利用数据库应对市政设施的挑战	为伦敦制定数据的通用标准并支持数据的共享和合并
	行动B4：网络应急能力	提高伦敦应用网络突发事件的应对能力
	行动B5：基础设施创新数据使用	通过使用数据，提高伦敦基础设施系统的韧性并确定投资的优先次序
	行动B6：韧性和零碳基础设施	确定实际步骤，实现可持续发展伦敦的目标
	行动B7：安全、韧性的房屋和建筑	改造现有的存量住房，将安全放在首位
	行动B8：商业韧性	理解并增强企业的适应性和韧性

续表

韧性行动维度	行动	具体内容
韧性的过程	行动 C1：拥有适应力的大伦敦市政府	发展灵活的伦敦市政府治理，以支持适应性、协作性、包容性和可持续性的决策
	行动 C2：拓展适应性治理	扩大灵活的城市治理模式，以支持适应性的、全程覆盖的城市韧性方法
	行动 C3：反恐合作	通过反恐怖主义准备工作网络（CTPN）扩大城市反恐准备工作的合作，保障城市安全
	行动 C4：应对长期风险	整合伦敦韧性伙伴关系的风险管理过程和未来风险的政策规划
	行动 C5：量化破坏的成本	开发能够预测伦敦中断成本的模型，并为政策决策提供信息
	行动 C6：利用预测来增强韧性	支持以数据为中心的方法，以便在不断变化的城市中做出适应性的决策
	行动 C7：为无现金社会做准备	了解以数字交易为主导的经济对社会的影响

三、东京

（一）韧性城市建设背景

劳埃德城市风险指数排名显示，东京自然灾害风险指数世界排名第三，仅次于台北和马尼拉。这在某种程度上反映了东京城市的巨大规模：东京有 3 700 万居民，是亚洲最大的城市地区，它位于亚太“火环”上，地处新西兰延伸到阿拉斯加的漫长俯冲带，这意味着它拥有世界上约 10%的活火山，每年遭受多达 1 500 次地震的袭击，其中许多地震的震级从里氏 4.0 级到 6.0 级不等。此外，由于主要的地下断层线位于离岸不到 100 千米的地方，海岸线经常面临海啸的风险。近年来，更强、更频繁的风暴也加剧了东京长期暴露在极端天气中的风险。例如，日本气象厅最近的一项研究表明，截至 2018 年的 10 年中，日本降雨量达到或超过 50 毫米的平均天数约为 1976—1985 年期间的 1.4 倍。不仅如此，极端天气事件的数量和强度也在增加。尽管面临环境、气候等多重威胁，但东京城市建设依然在迅速发展。例如，东京在 2011 年的地震中经历了严重的震动，但并未造成严重损失。同样，2019 年超级台风“哈比”到来，在日本北部部分地区引发了大范围的洪水，但对东京影响不大。东京应对这一系列自然危险的抵御能力是不同因素的综合产物，但归根结底是城市韧性的强化帮助东京市快速应对危机。

具体来看，东京面临的风险主要包括以下几个方面：

1. 洪水。日本洪水带来的危险巨大。在大多数情况下，日本洪水是包括台风在内的定期高强度暴雨的结果，海啸和地震等一次性事件（摧毁沿海和内陆堤防）同样会造成其他明显的洪水风险。然而，从本质上而言，洪水灾害是日本地理构造产生的重要结果。因为日本大部分地区都是陡峭的山区，这意味着大约 75%的日本城市被挤到了 10%的土地上，低洼的沿海地区会持续面临洪水风险。此外，由于日本的山脉相对靠近海岸，其河流往往异常短而陡峭。这导致雨水快速流动，受影响的社区几乎没有时间撤离。土地的最小自然蓄水量较小，洪水风险也会因此加剧，尤其是在山区。

2. 干旱。官方数据显示，东京年均降水量约为 5 000 立方米，不到全球平均水平的三分之一，而现代城市所经历的热岛效应也加剧了干旱状况。日本最近的一个重大抗旱项目正在努力维持荒川河的流量，自 1997 年 3 月发生旱灾后，日本政府对河流流量和预计用水情况进行了详细分析和评估。随后，针对日本干旱情况，日本政府于 1999 年 3 月和 2011 年 3 月相继采用了 Urayama 大坝和 Takizawa 大坝储水以缓解干旱，荒川河网沿线水库的蓄水量增加了约 4.7 倍，达到 1.446 亿立方米，从而缓解了整个流域的水资源短缺问题。

3. 地震。地震主要的构造板块几乎于东京正下方交汇，导致东京一直以来很容易发生大地震。根据日本地震研究数据，2050 年之前发生震中位于东京地区的内陆大地震的可能性为 70%。但东京政府为对抗地震的发生，已做好了充足的准备，例如修订《建筑标准法》。日本的《建筑标准法》是世界上最严格的建筑立法之一，它规定了日本建筑和建筑构件的稳定性、强度和刚度必须达到的最低阈值。除此之外，该法案要求在发生中等地震时，建筑物“几乎没有破坏”，建筑寿命应超过百年。东京大学的一项研究显示，在经历了前几次大地震后的大规模改造后，目前东京约87%的建筑都采用了现代抗震标准。即使在2011年东日本大地震（震级为9.0级，是日本有史以来最强的地震）的情况下，无论是在震中附近还是东京本身，都没有发生建筑倒塌的情况。

通常，东京的高层建筑采用了三种不同技术中的一种或全部，使其具有抗震性：

（1）最基本的技术是使用钢支架加固具有抗震性能的墙壁和/或承重柱，或者安装吸收地震能量的黏弹性材料以防止结构失效。

（2）安装不同类型的阻尼装置。这些阻尼装置旨在减轻由“长周期”振动引起的建筑结构的横向运动。现代阻尼器通常由减震器类型的固定装置组成，这些固定装置部署在钢结构的多个楼层上的建筑核心周围。是否安装阻尼装置不是一项硬性要求，但它们在高级建筑中很常见。在过去的十年里，这些黏性阻尼器越来越受欢迎，因为它们比其他类型的阻尼器（如使用黏弹性材料的阻尼器）对地震烈度范围内的地震反应更好。

（3）“隔震”装置（弹性或滑动），包括层压橡胶、滚珠轴承、弹簧或黏性阻尼器，这些装置可以吸收地面运动，使建筑结构与地面分离。在更复杂的建筑中，会通过这些装置主动控制建筑本身的运动来隔离冲击波。

4. 海啸。近海地下断层线使东京更容易遭受海啸风险，但东京湾在很大程度上保护了这座城市免受海啸的影响。根据东京官方模拟的结果，即使东京湾可以起到保护作用，但在最坏的情况下，洪水也应该控制在东京范围内4.8平方千米区域。为了抵御海啸和潮涌，东京湾配备了海堤和防洪闸门网络。海堤建在低潮面以上4.5到8米之间。防洪闸门保护运河和河口，并由系统远程操作，以确保协调操作。

（二）东京韧性城市建设实践

1. 技术韧性。气候变化使极端天气事件变得更加普遍。随着基础设施的建设，当地居民认为基础设施的增强可以减弱环境变化带来的风险威胁，但基础设施建设并不是万能的。近年来，东京越来越专注于技术韧性，通过技术赋能基础设施建设让公众了解迫在眉睫的危险。

2007年，日本消防和灾害管理厅（FDMA）推出了价值10亿美元的J-Alert预警系统，这是一种基于卫星的通信网络，旨在即时自动传输威胁逼近时的基础信息，如地震事件的威胁传播。东京市在全国各地建立了4 000多台地震仪，可以有效探测地震并计算震中。对于日本地震震级大于5级（约为里氏6.0级）的事件，通过手机、扬声器和传统媒体向受影响地区的人们发送信息。J-Alert预警系统可以在破坏性地震到来前两分钟（2011年东日本大地震为60秒）警告东京居民即将发生地震。J-Alert警报水平分为五级。

第1级：加强对潜在灾害的准备。

第2级：使用危险地图确认疏散路线；确认疏散准备工作已到位。

第3级：开始疏散老年人和其他需要护理的人——这些人的疏散需要额外的时间。其他人开始为撤离做准备。

第4级：区域内所有居民全面疏散。

第5级：可能无法进行安全疏散，要求采取适当行动保护生命。

对于与水有关的危险，J-Alert系统提供了降雨预测的位置和数量等数据，以及特定河流沿岸哪些地区有洪水风险。单个设备会警告用户即将发生的局部洪水，同时通过实时闭路电视以及水位和流速传感器监测池溢流情况。

2. 社会和文化韧性。尽管积极主动地建设抗灾基础设施对东京成为一个有韧性的大都市至关重要，但庞大的复杂工程网络有时会掩盖另一个同样重要的因素的影响——社会和文化韧性的加强，也在不断激励居民为共同利益而合作。

日本长期以来的合作工作和思维传统植根于当地的社区结构和社区传统。在现代东京，社会和文化韧性的加强不仅有助于灾害来临时的社区保护，而且激发了社区居民的共识——自发对城市建设提供资金帮助，这在西方国家是很少见的。

这种共识驱动的心态是在被称为树乐社（shuraku shakai）的古老岛屿村庄单元中发现的。树乐社的历史起步较早，由每个社区的不同规模的农业单位组成。这些社会团体被称为 chonaikai，长期以来一直是当地人口的推动者和守护者。同时，这种文化也受到宗教信仰的影响，神道教作为日本的主导宗教，通过崇信会组织的节日来庆祝。这些被称为 matsuri 的节日也起到了将社区团结在一起的作用，为保障社区的福利和成长提供了机会。因此，matsuri 不仅仅是庆祝活动，还作为一种手段，将宗教或当地寺庙置于社区的中心，并承认以各种方式建立的等级制度，例如货币贡献的程度。日本的每个社区一年中都会庆祝多个 matsuri，核心节日通常围绕着收割或种植等农业活动。除了宗教元素（今天经常被忽视）之外，matsuri 还包括游行、娱乐和食品摊位——所有这些都是为了形成更大的社会群体并加强社区联系。从某种意义上说，matsuri 更像是感恩节或圣诞节，因为它们加强了家庭和社区的联系。

3. 房屋建设韧性。东京多次被夷为平地并开始重新建设，投资者和房东都敏锐地意识到东京城市发展需要有弹性的城市设计。20 世纪，东京就发生了两起灾难性事件：1923 年，关东大地震以及随之而来的海啸和大火摧毁了东京一半以上的砖砌建筑，此后不久，由于第二次世界大战，东京迎来了新的破坏浪潮。为了防止灾害性事件对房屋建筑的冲击，东京制定了世界上最严格的建筑设计和工程标准，可以降低地震、火灾、海啸、洪水和台风等一长串风险的威胁。这些规定不仅旨在保护城市免受这些灾难的直接影响，还旨在确保城市迅速恢复。

4. 国土韧性。在东京韧性建设背景下，为了提高城市韧性，日本在国家层面发布了《国土强韧化规划》（见图 2-1），国家层面的强韧性基本计划制订流程遵循规划—执行—检验—行动的 PDCA 循环，从对城市风险的科学分析起，通过重点政策设计确定科学方案，基于实施效果反馈修正初始的分析思路。同时，该规划尤其注重综合性及区域性的体现，要求在应对风险时进行跨区域的组织协作并有效地利用外部资源，在发展中注重政府部门与民间组织的协同机制（见图 2-2）。

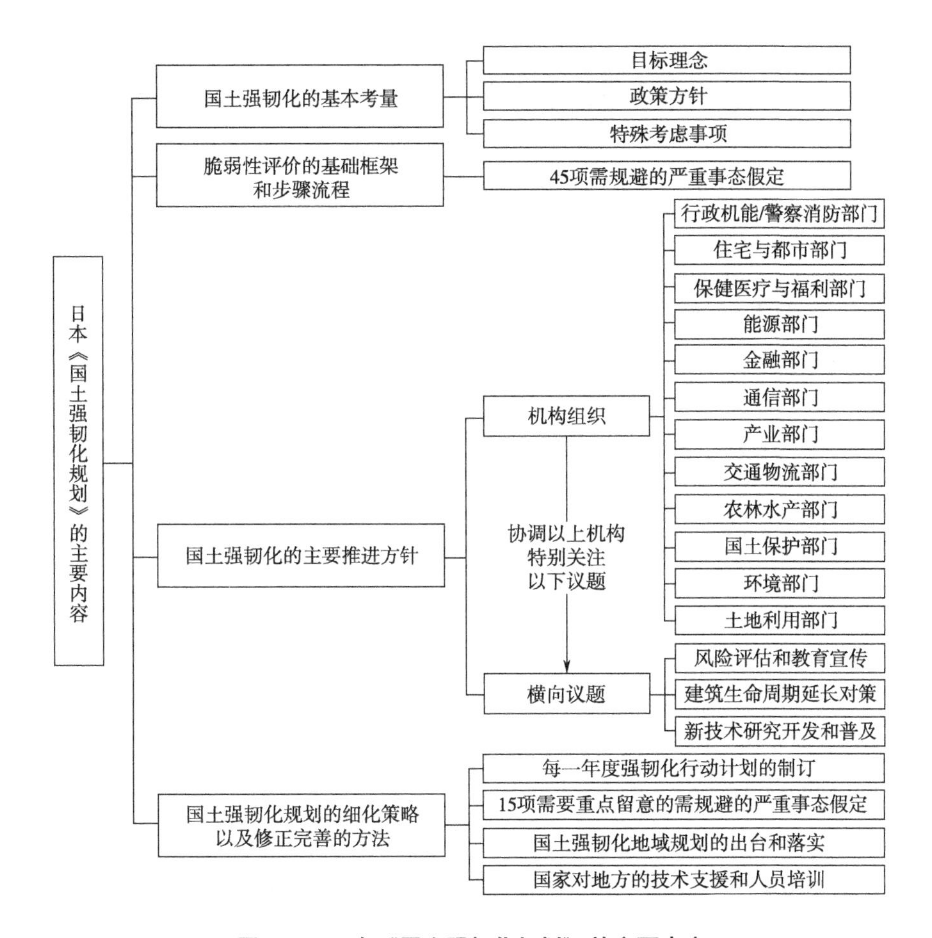

图 2-1　日本《国土强韧化规划》的主要内容

资料来源：邵亦文，徐江．城市规划中实现韧性构建：日本强韧化规划对中国的启示［J］．城市与减灾，2017（4）：71-76.

东京城市整备局编制了“防灾城市建设规划”，着重应对建筑密集整理和安全性提升、避难场所与道路规划建设、灾后恢复保障措施、水利措施推广等内容，旨在提升东京应对自然和社会风险的能力，提高城市韧性，保障城市安全和有序发展。此外，东京根据《国土强韧化规划》和《国土强韧化基本法》于2014年12月发布了《创造未来——东京都长期战略报告》，该报告提出未来一段时间内的总

“硬”及“软”两类策略

“硬”策略：	“软”策略：
堤防整备 空港、港湾设施耐震化 交通干线网络整备	防灾训练 防灾地图制定 自主防灾活动组织

政府主体、民间组织相互合作制定措施

政府计划	部门措施	民间组织
重要交通设施耐震化 高规格干线铁路整备 地铁延伸	BCP策略推进 防灾规划制定 自主防灾活动组织	供电、供气对策 情报网络的功能维持 观光、住宿设施耐震化

图 2-2　日本国土强韧化规划策略构成

资料来源：孟海星，沈清基．超大城市韧性的概念、特点及其优化的国际经验解析［J］．城市发展研究，2021，28（7）：75-83.

体规划愿景——至2020年建设成为世界一流大都市；还提出了两个具体发展愿景，一是举办史上最佳奥运会和残奥会，二是实现东京的可持续发展。为了保障东京奥运会的顺利召开，东京针对地震等自然灾害发布了一系列紧急应急预案，在一定程度上增强了东京的城市韧性。2016年东京提出了《东京都国土强韧化地域规划》，主要从基础设施韧性（即交通道路设施建设）、经济韧性（即新能源开发使用）、社会韧性（即建筑抗灾能力与准备工作）、制度韧性（即政府制度和队伍建设）四个方面进行规划。该规划的覆盖范围包括了行政职能、健康医疗、通信、经济产业、文化教育、环境和社区营造等不同领域部门，关联的协调机构涵盖大多数东京都、关东地区、日本邮政等职能部门和非政府组织。东京根据上位规划的指导，建立了本地区的强韧性地域规划，并通过多部门、全方位的项目规划，增强了国土的强韧性。

四、国际典型城市韧性经验总结

西方发达城市早就启动了韧性城市理念和政策行动，如纽约、伦敦、东京等城市，在韧性城市建设方面积累了许多经验，这些经验对我们具有借鉴意义。这些经验主要体现在以下几个方面。

（一）组织先行：为韧性城市建设提供有力的制度保证

韧性城市的建设需要政府在城市层面设立专门的领导和管理机构，以实现“韧性城市建设制度化”，为其提供有力的组织领导保障。在这方面，发达国家提供了宝贵的经验。例如，纽约成立了“城市韧性建设办公室”和“应对气候变化城市委员会”等机构，确保在不同规划和部门之间保持一致性和延续性。其中，“城市韧性建设办公室”负责执行关键项目并进行评估，包括加快损失补偿审查和建设项目启动，促进韧性城市建设新政策制定和项目的持续实践。类似地，伦敦每年举办“伦敦韧性峰会”，并建立了一个城市风险管理组织体系，包括伦敦地区韧性项目委员会、风险顾问小组、韧性工作组、消防和应急规划局、地方韧性论坛和市区韧性论坛等机构，以提高城市风险防范和应急管理能力。从整体性、综合性和系统性出发，韧性城市建设需要创建跨地域、跨部门和跨领域的协同建设机制，整合资源、形成合力，克服“烟囱”效应，确保韧性城市建设项目的有效实施。因此，政府的领导和管理机构应注重这些要求，使韧性城市建设制度化，并确保各个机构的协同工作。这为韧性城市建设提供了有力的制度保证。

（二）规划引领：为韧性城市建设提供有力的法律保障

作为公共政策，韧性城市规划对于提升城市的防灾减灾和气候变化适应能力具有极其重要的价值。在城市规划编制过程中，充分体现韧性城市理念，将气候变化的潜在影响积极融入城市规划和实践中，甚至可以制定出专门应对气候变化的韧性城市发展计划或规划，以此来统领和指导韧性城市的发展。近年来，纽约、伦敦、芝加哥、鹿特丹、东京等国际大都市都在其空间规划中增加了韧性城市规划细则，使韧性城市成为这些国家大都市发展规划中的重要内容。例如，纽约在 2007 年《更绿色、更美好的纽约》规划中就提出了韧性城市建设和气候适应项目，2013 年制定了应对气候变化的韧性城市计划，提出了一个 10 年的韧性城市建设项目清单。2015 年，纽约发布了更新、更全面的气候韧性建设计划《一个富强而公正的纽约》，以继续实施应对气候变化的路线。伦敦出台了《伦敦规划》、《伦敦城市韧性战略》和《管理风险和增强韧性》政策报告等，重点提升其应对洪水、干旱等风险的能力。东京则根据日本《国土强韧化基本法》的要求，制定了《东京都国土强韧化地域规划》、《创造未来——东京都长期战略报告》和《东京都长期展望规划》等文件，全方位推进实施不确定性风险的提前预防和灾后恢复重建策略。

（三）硬软结合：制定韧性城市建设的全方位系统性举措

城市韧性不仅体现在硬实力方面，也包括软实力，如社区韧性和社会组织的健全有效性等，构成一个综合安全防范体系。为此，韧性城市建设需要采取全方位、系统性举措。具体而言，应采取软硬兼施、刚柔并济的方法，构筑核心基础设施韧性，提高个人韧性，增强社区韧性和社会韧性，建立制度韧性体系。在硬实力方面，可以通过投资加强老化基础设施、防灾设施、老建筑等的韧性改造和升级，增强城市对自然灾害、洪水等风险的安全防范能力。在软实力方面，应以人为本，重视社区韧性和防灾社会体系建设。例如，可以构建“自助、共助、公助”为一体的防灾社会体系。这些措施是发达国家推动韧性城市建设的主要做法和战略选择。

（四）分布式布局：注重城市设施的分布式布局设置

韧性城市的建设需要考虑到分布式基础设施、分布式生命线以及分布式服务系统的设置和整合。例如，东京市的韧性城市规划将城市划分为30多个片区，每个片区都配备独立的能源供应系统、供水系统、水处理系统、水循环利用系统以及通信、医疗等保障设施。采用这种多组团的分布式布局，比原有的单一基础设施更具有韧性。神户市在经历超级地震后，通过分布式布局的方式进行重建，将城市分为五个组团，并为每个组团提供独立的水和能源供应系统，以及足够的冗余。在遇到灾害时，一个组团失效后，其他组团可以承担其功能，从而避免了城市功能的中断或瘫痪，提高了城市的韧性。

（五）技术支撑：构筑针对城市安全威胁的数字化风险感知预警系统

随着新技术的迅速发展，数字化时代对韧性城市的建设提出了更高要求，数字科技的支持和协助成为建设韧性城市的重要手段。韧性城市需要全面收集城市多部门多领域数据，并实现实时互通和共享，以第一时间检测并捕获、感知危险的来源，为科学决策、及时响应、快速恢复提供科技支撑，成为提升城市韧性水平的关键环节。许多发达国家都开展了数字科技支持的韧性城市建设，比如伦敦重点构筑公开、透明、共享的数据存储中心，支持公共机构应对城市挑战，通过模型分析研判城市未来趋势和结果，帮助城市提高韧性水平。此外，美国纽约为应对海平面上升的挑战，利用多项数据开发网站和智能工具来评估和显示因海平面上升而引起的潮汐泛滥，并确定供水高程。英国伦敦的盎格鲁配水网采用了集成式泄漏和压力管理（ILPM）解决方案，该系统能够检测漏水现象，甚至预测漏水位置，可以根据数据分析结果主动作出响应，从而提升了城市的韧性水平。

（六）应急体系：为城市灾后快速恢复提供有力的制度保障

城市的韧性能力包括灾害评估、灾难准备、灾难适应、灾后恢复等全生命周期过程，其中城市灾后恢复能力的强弱直接反映了城市的韧性。发达国家建设韧性城市的主要策略之一是全方位加强城市应急管理体系建设，为各类潜在灾害做好最充分的准备，确保城市能够快速恢复。在增强城市灾后恢复能力的建设中，注重城市风险脆弱性评估和紧急救援物资的储存保障十分重要。精准评估风险的危险程度是制定有效、合理应对方案的前提，例如日本东京都防灾会议发布的《首都直下型地震等灾害引发的灾害情况预测》为防灾提供了科学支撑。紧急救援物资的储存保障是确保城市灾后快速恢复的关键，如重建后神户市提出“三个三”的储备计划，即每个家庭储备三天的水、食物和药品，社区避灾中心可以维持整个社区居民三天的吃住，城市级的避灾中心可以提供全体市民生存三天所需的物品。

第二节　国内特大城市韧性建设案例分析

随着全球城市化进程的不断加速，城市面临的各种风险和挑战也不断增加，如气候变化、自然灾害、恐怖袭击、经济危机等，这些都对城市的韧性提出了新的要求。为了应对这些风险和挑战，许多城市开始致力于韧性城市建设。北京、上海、成都作为我国的特大城市，也面临着自身城市化和现代化进程中的各种风险和挑战。本节主要围绕北京、上海、成都三座国内特大城市韧性建设进行比较研究，分别从韧性城市建设背景、强化城市韧性实践和城市韧性指标体系评价三个方面加以分析说明。

一、北京

（一）韧性城市建设背景

作为我国首都和全国的“四个中心”，北京的城市安全与发展关系到国家的工作大局。根据 2021 年发布的第七次全国人口普查的统计数据，北京的常住人口保持在 2 189 万人左右。人口和社会财富集中的区域，灾害和气候变化风险更容易对城市经济造成破坏，北京面临着来自暴雨洪涝、地质灾害等常规自然灾害的威胁，同时面临着由人口膨胀、资源紧张引发的复杂社会风险。因此，通过应对气候自然变化来提高城市韧性迫在眉睫。

（二）强化城市韧性实践

在北京韧性建设背景下，城市韧性在实践中不断强化提升。在 2012 年国际十大自然灾害事件中，北京“7・21 特大暴雨”名列其中。北京气象台在灾前的 24 小时内做出了暴雨预警预报，但相对缺乏相应的紧急预案，相关部门未采取行之有效的应对措施，城市居民也未引起足够的重视。当天傍晚北京及其周边地区遭遇了特大暴雨及洪涝灾害，北京至少有 79 人因暴雨死亡，造成房屋倒塌 10 660 间，160 余万人受灾，经济损失达 116.4 亿元。由于灾前准备力与灾中应急力存在明显缺陷，北京面对自然气象灾害时表现得较为脆弱，在基础建筑设施抵御和组织应对中未表现出明显的强韧性。为了有效回应并积极应对上述风险挑战，北京出台了一系列法律法规文件，并实施了加强城市防灾减灾能力的系列措施，于 2017 年 9 月率先将强化和提高“城市韧性”纳入新发布的《北京城市总体规划（2016 年—2035 年）》。在此基础上，北京城市规划设计研究院领衔并与相关单位于 2017 年 12 月合作完成了

“北京韧性城市规划纲要研究”课题项目，为北京强化和提高“城市韧性”提供了重要理论支撑和决策参考。北京市委市政府于2021年10月底印发了《关于加快推进韧性城市建设的指导意见》，进一步为北京持续提升城市整体韧性提出了意见和发展方向。该意见指出，要把韧性城市要求融入城市规划建设管理发展之中，推进韧性城市建设制度化、规范化、标准化，要统筹拓展城市空间韧性、有效强化城市工程韧性、全面提升城市管理韧性、积极培育城市社会韧性，形成全天候、系统性、现代化的城市安全保障体系。

在疫情防控期间，北京的韧性城市建设取得良好成效。在疫情防控方面，北京在疫情暴发初期有效控制了风险的蔓延，并对常态化防控阶段中的疫情局部反弹做出了精准高效的回应。在制度韧性方面，北京通过建立企业复工复产政策库、实施密集区域的物业服务网格化管理等措施，实现了经济社会的快速恢复，推动外资企业复工复产也取得良好成效。在组织韧性方面，北京建立了京津冀联防联控机制、应急物资生产供应储备机制、街道楼宇物业机制等工作机制，推动政策落实，提升应急响应能力，提高城市韧性。北京在实践中显著提高疫情防控与服务工作的精准精细水平，健全完善城市突发公共卫生事件应急响应体系，在北京城市韧性建设方面取得突出进展。

（三）城市韧性体系评价

在北京推出强化和提高“城市韧性”的大背景下，许多学者构建了相应评价指标体系，并根据指标进行北京的韧性评价。北京城市规划设计研究院领衔研究发布的《北京韧性城市规划纲要研究》在清华大学公共安全研究院建立的328种可致灾因子基础之上，经过遴选后识别出地质灾害、传染病疫情、矿产责任事故、恐袭事件等37种风险因子，再以该城市风险评估为基础，构建出包含12个方面、83个绩效指标的韧性城市评价指标体系（见表2-6），据此测算北京的城市韧性指数，识别出多方面、全方位的城市韧性薄弱环节，进而提出提升北京城市韧性的具体对策。

表 2-6　北京市韧性城市评价指标体系

一级指标	二级指标	三级指标（指标数）
城市系统	建筑	集中箱活动房比例、房屋建设质量（2个）
	人员	基尼系数、社区应灾互助准备情况等（9个）
	基础设施	人均应急避难场所面积、应急避难场所容纳人数等（22个）
	交通	集中建设区道路网密度、绿色出行比例等（4个）
	生态环境	森林覆盖率、PM2.5年均浓度等（8个）
韧性管理	领导力	领导力水平、协同能力水平等（3个）
	资金支持	财务计划制订情况、重点工程专项资金等（4个）
	风险评估	灾害风险普查、暴露度与脆弱性普查等（5个）
	监测预警	视频监控率、自然灾害致灾因子监测情况等（6个）
	应急管理能力	法律法规编制情况、专项预案编制情况等（10个）
	恢复能力	商业保险覆盖率、恢复计划制订情况（2个）
	京津冀协同能力	应急联动预案编制情况、处置流程及任务分工明确情况等（8个）

谢欣露、郑艳（2016）利用《北京统计年鉴》等相关数据，构建了城市气候适应能力评价指标体系（见表 2-7），并根据国内外研究文献进一步选取了相关指标进行加工推算，计算得出北京市各区的综合气候适应能力关联度、经济支撑能力关联度、社会发展能力关联度、自然资源禀赋关联度、技术适应能力关联度、风险治理能力关联度，在进行深入分析后提出了气候适应性城市和韧性城市建设的政策建议。

表 2-7　北京城市气候适应能力评价指标体系

目标层	要素层	指标层	权重
气候适应能力综合指数	经济支撑能力（0.2）	人均GDP（万元）	1/3
		人均消费支出（万元）	1/3
		文化教育等产业比重（%）	1/3
	社会发展能力（0.2）	社会保险指数	1/4
		千人拥有医师数（人）	1/4
		老年人口比重（%）	1/4
		社会组织数目（个）	1/4

续表

目标层	要素层	指标层	权重
气候适应能力综合指数	自然资源禀赋（0.2）	生态环境服务价值指数（亿元/平方千米）	1/3
		林木绿化率（%）	1/3
		空气质量综合指数	1/3
	技术适应能力（0.2）	万元 GDP 水资源消耗量（立方米）	1/4
		万元 GDP 能源消耗量（吨标准煤）	1/4
		污水回收利用率（%）	1/4
		人均雨水储蓄能力（立方米）	1/4
	风险治理能力（0.2）	综合风险管理能力	1/3
		环保支出占财政支出比重（%）	1/3
		万人拥有减灾社区数目（个）	1/3

郑艳等（2018）发表在 *Advances in Climate Change Research* 上的文章采用定性定量相结合的方法，构建了城市韧性评估的分析框架（见表 2-8），即经济韧性、社会韧性、生态韧性、基础设施韧性四个维度，在此基础上提出了城市韧性评估的 22 个参考指标以及进行韧性指数评价的 16 个模型指标，并对北京 16 个区的城市韧性指数进行了排序。研究结果说明了区域层面的城市韧性主要由区域功能区特征决定，揭示了各区域的发展重点影响着城市韧性。此外，该学者认为特大城市在全球气候变化和中国特色城镇化背景下应采取以发展为导向的气候适应策略。

表 2-8 北京城市韧性框架及指标

维度	参考指标	模型中采用的指标
经济韧性：经济发展和金融支持	人均国内生产总值	1. 人均地区生产总值（元）
	人均政府财政支出	2. 人均政府财政支出
	城市化水平	3. 城市人口比例（%）
	建成区人口密度	4. 建成区人口密度（人/平方千米）
	城市人均可支配收入	5. 城市人均可支配收入（元）

续表

维度	参考指标	模型中采用的指标
社会韧性：社会管理和人口素质	社会发展能力	6. 城市社会发展能力指数
	接受自然灾害救助金的人口比例	7. 受灾人口的救助支付比例（人数）
	预期寿命	
	保险渗透率和密度	8. 医疗保险覆盖率（%）
	脆弱人口比例	
	具有最低生活保障标准的人口比例	
	具有养老金和财产收入的人口比例	9. 具有养老金和财产收入的老年人口比例（%）
	具有韧性的社区数量	10. 防灾减灾示范社区数量
生态韧性：环境完整性和生态保护	环境支出与财政支出的比例	11. 环境支出占财政支出的比例（%）
	绿化面积比例（或城市人均绿地面积）	12. 森林覆盖率（%）
	良好空气质量的天数	13. 良好空气质量的天数（天）
基础设施韧性：城市生命线应对气候和防灾能力	城市风险管理能力	14. 城市风险管理能力指数
	城市积水点数量	
	交通拥堵指数	15. 财政支出覆盖面积（每平方千米财政支出金额）
	人均公共卫生设施数量	16. 千人卫生工作者数量
	广播和电视覆盖范围	

二、上海

（一）韧性城市建设背景

上海地处中国东部、长江入海口，是上海大都市圈核心城市，国务院批复确定的中国国际经济、金融、贸易、航运、科技创新中心，其面积在 6 341 平方千米左右，常住人口保持在 2 487 万人，是全国人口密度最高的城市之一。在面临灾害时，上海人口疏散难度较高，可能会放大气候变化所造成的损失，同时上海发展过程中的基础设施老化和资源环境问题对城市安全也构成一定威胁。上海主要面临着极端天气、海平面上升、城市洪涝和空气污染等风险灾害，亟须对城市进行韧性建设。

（二）强化城市韧性实践

在上海韧性建设的背景下，上海市政府发布出台的文件主要以生态规划、工程规划、新城规划建设中包含韧性城市的理念思想为主，暂未形成关于韧性城市建设的完整运行体系机制，尚处于形成框架和多点并行的过程之中。上海作为全国的领头城市之一，许多专家学者高度关注上海城市的韧性建设，并据此进行定性定量研究，细化韧性城市建设中的相关思路。

石婷婷（2016）认为上海在未来城市风险中灾害类别、发生频率和强度、影响范围等方面会发生变化，她指出上海综合防灾系统在技术思路、系统性思维和单向传导管控思维三个方面将会表现出不适应性，在此基础上进一步提出了从综合防灾到韧性城市的转型想法，并从技术工程、空间防御、社会治理三方面提出了韧性城市建设总体思路。

钱少华等（2017）在理论研究基础上明确了上海韧性城市建设的空间特征，包括风水灾害、地震灾害、地质灾害和火灾风险等，并利用相关数据和实地研究进一步量化主要风险在全市范围内的空间分布，据此从宏观、中观、微观层面分别提出了建设韧性城乡空间格局、韧性基础设施体系和韧性社区生活圈的对策建议。

滕五晓等（2018）通过对上海浦东新区的城市特征及其所面临的安全问题进行分析，结合上海市的相关规划和法规文件，构建了浦东新区的城市安全和综合防灾系统框架（见图 2-3），提出了强韧性城市基础系统的规划思路和策略。

（三）城市韧性体系评价

在上海韧性建设和强化韧性实践的基础上，较多专家学者从不同维度对上海城市韧性进行了评价。孙阳等（2017）从城市社会生态系统

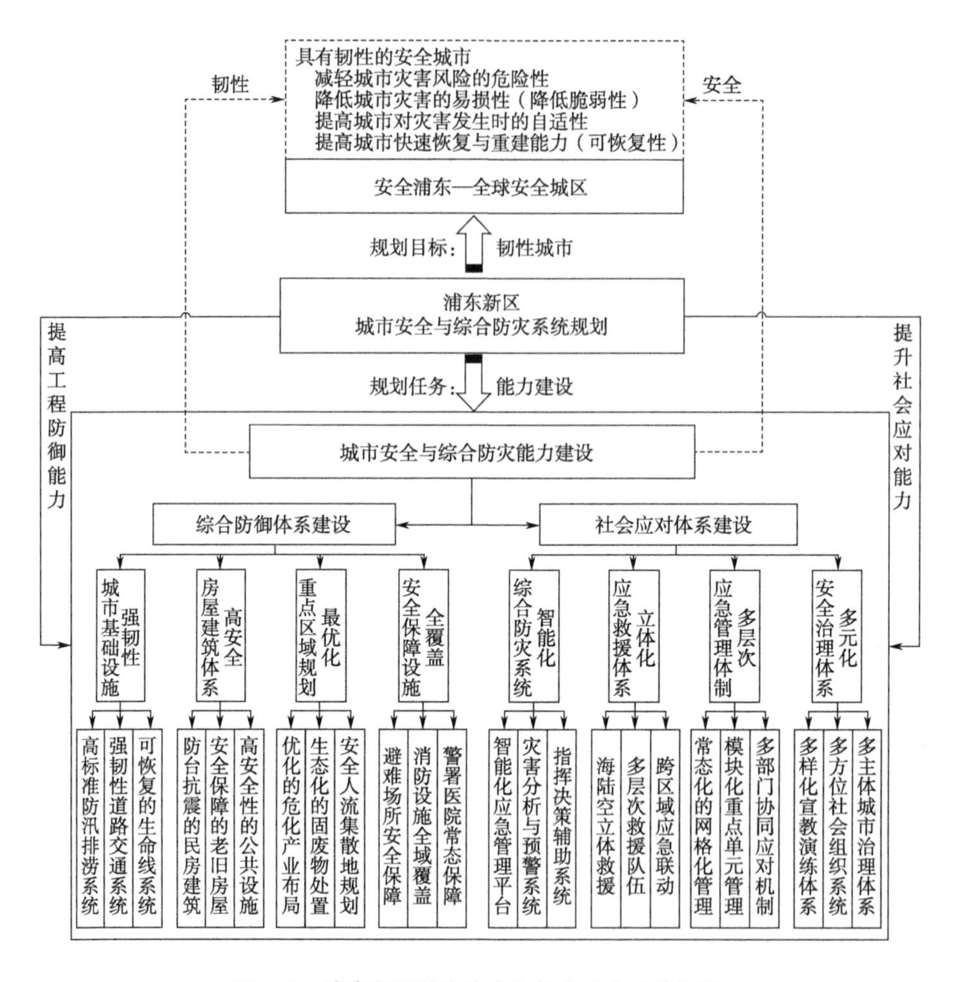

图 2-3　浦东新区城市安全与综合防灾系统框架

资料来源：滕五晓，罗翔，万蓓蕾，等．韧性城市视角的城市安全与综合防灾系统：以上海市浦东新区为例［J］．城市发展研究，2018，25（3）：39-46.

的视角，结合现实背景，对长三角地区的城市韧性进行了实证分析，主要分析了生态环境、市政设施、经济发展、社会发展四个维度对城市韧性程度的不同影响。评价结果显示出四个因子对不同城市韧性的影响度水平，主要取决于上海的水平及其对周边的辐射影响作用。

王佐权（2021）采用层次分析和专家调查相结合的方法构建了上海城市区域韧性评价指标体系（见表 2-9），该体系包含了灾前预防、临灾准备、灾中应急以及灾后恢复4个一级指标和从经济、基础设施、社会、组织制度韧性方面构建的22个二级指标。作者选取了2019年的《上海统计年鉴》并进行标准化处理，根据所构建的指标体系进行评价（见表2-10），发现城市总体上呈现中部市区韧性指数高、周边郊区韧性指数低的空间格局，同时二者之间存在较大差异，并据此提出了建议。

表2-9　上海城市区域韧性评价指标及权重

目标层（A）	准则层（B）	B层权重	二级指标层（C）	C层权重
上海城市区域韧性评价	灾前预防阶段	0.328 6	政府公共安全财政投入比重（X_1）	0.305 7
			政府教育财政投入比重（X_2）	0.095 1
			政府卫生健康财政投入比重（X_3）	0.136 8
			城乡社区建设财政投入比重（X_4）	0.090 8
			政府交通运输财政投入比重（X_5）	0.143 3
			政府就业与社会保障财政投入比重（X_6）	0.228 3
	临灾准备阶段	0.128 2	移动电话覆盖率（X_7）	0.255 9
			每万人口卫生机构数量（X_8）	0.298 6
			建成区绿化覆盖率（X_9）	0.077 4
			人均公共绿地面积（X_{10}）	0.078 5
			每万人拥有城市排水管道长度（X_{11}）	0.082 2
			每万人口中学学校数量（X_{12}）	0.072 7
			道路路网密度（X_{13}）	0.134 7
	灾中应急阶段	0.308 7	人口密度（X_{14}）	0.113 0
			劳动力比重（X_{15}）	0.331 6
			每万人口医院床位数（X_{16}）	0.349 3
			新增就业岗位（X_{17}）	0.117 2
			每万人口在校中学生数量（X_{18}）	0.088 9
	灾后恢复阶段	0.234 5	地区生产总值（X_{19}）	0.312 3
			产业构成（X_{20}）	0.159 5
			就业率（X_{21}）	0.248 8
			人均可支配收入（X_{22}）	0.279 4

表 2-10　上海城区韧性指数

城市	灾前预防能力	临灾准备能力	灾中应急能力	灾后恢复能力	综合韧性评价
浦东	0.596	0.569	0.512	0.687	0.588
黄埔	0.679	0.770	0.814	0.825	0.767
徐汇	0.594	0.765	0.769	0.753	0.707
长宁	0.465	0.870	0.720	0.802	0.674
静安	0.527	0.765	0.728	0.739	0.670
普陀	0.576	0.560	0.480	0.802	0.602
虹口	0.468	0.640	0.640	0.696	0.597
杨浦	0.540	0.530	0.607	0.780	0.615
闵行	0.482	0.422	0.419	0.739	0.515
宝山	0.476	0.501	0.480	0.762	0.547
嘉定	0.523	0.500	0.482	0.644	0.536
金山	0.449	0.592	0.519	0.759	0.562
松江	0.486	0.472	0.534	0.729	0.556
青浦	0.332	0.578	0.410	0.579	0.445
奉贤	0.427	0.481	0.522	0.588	0.501
崇明	0.282	0.558	0.481	0.571	0.447

三、成都

（一）韧性城市建设背景

成都地处中国西南地区、四川盆地西部，是我国西部地区重要的中心城市，成渝城市群的重点城市，对于我国中西部发展具有重要的支撑和纽带作用。成都境内地势平坦、物产丰富、河网纵横，总面积达 14 335 平方千米，常住人口有 2 093.78 万人，城市中心区域的人口密度较高，亦面临着洪涝灾害、旱灾、地震等自然灾害风险和人口大量集聚带来的“慢性大城市病”等相关问题。成都以建设国家中心城市为目标，城市韧性提升是城市发展到该阶段的必然要求。

（二）强化城市韧性实践

在韧性城市建设大背景下，成都属于国内较早开始韧性城市建设的城市之一。在2008年的“5·12”汶川地震后，成都韧性城市建设逐渐加快提速。成都自此建立了市领导负责、30余个职能部门和单位组成的减灾委员会，设立了自然灾害应急指挥的信息化平台，1 000余个应急避难场所开始开工，建设了救灾物资储备仓库，组建应急救援队伍，建设西部地区最先进、完善的灾害应急救援培训基地，进一步完善城市地震应急指挥系统，建设全中国首个地震烈度速报台网和地质环境信息等防灾基础设施。

韧性城市的突出特征是具有较强的可恢复性，即城市在灾中和灾后能够快速反应，恢复正常经济和社会秩序。在本次新冠疫情期间，成都第一时间成立疫情防控领导小组和指挥部，有力有序统筹推进疫情防控和经济社会的发展，特别是积极开展“送政策、帮企业，送服务、解难题”专项活动，全面落实“一家规上企业一名联络员、一个行业一个专班”良好制度，推进企业复工复产；实施了阶段性取消车辆限行政策，鼓励私家车出行，复苏社会活力；在保证疫情防控效果的前提下，允许商贩临时占道经营，缓解基层就业压力，补充生活来源，方便市民生活，并帮助人们缓解心理压力。在常态化疫情背景下，成都较好地处理了生产生活中出现的问题，体现了城市的经济韧性、制度韧性、社会韧性。

（三）城市韧性体系评价

在成都韧性建设和强化韧性实践的基础上，杨丹等（2021）在综合研究不同评价模型后，选取了韧性基线模型（BRIC）作为研究基础，从经济韧性、社会韧性、环境韧性、基础设施韧性、社区韧性和组织韧性这六个维度构建了针对四川省的城市韧性评价体系，并根据所获得的数据得到指标权重（见表2-11），再代入模型的相关公式得到各个城市的城市韧性指数（见表2-12）。在此基础上，一是对四川省的城市韧性时间特征进行定量分析，发现整体趋势平缓，灾害多发的城市积极主动提高韧性水平，但大多数城市仍处于较低韧性水平，环境韧性和组织韧性水平显著提高，经济韧性水平的发展相对迟缓。二是对四川省的城市韧性维度特征进行定量分析，发现在省域内成都在经济韧性和基础设施韧性方面优势显著，但在环境韧性和社区韧性方面有待提升。作者在定量研究基础上得出成都应对风险的稳定、适应和恢复能力较弱，环境韧性和社区韧性较低等结论，并给出了成都充分发挥辐射带动作用、提高社区建设、投入基础设施建设资金等建议。

表 2-11　四川省城市韧性评价指标体系

一级指标	二级指标	三级指标	指标性质	权重
城市韧性	经济韧性	GDP（X_1）	正	0.100 2
		人均 GDP（X_2）	正	0.028 5
		第三产业所占比重（X_3）	正	0.034 3
		失业率（X_4）	负	0.038 7
		规模以上工业企业个数（X_5）	正	0.062 1
		生产总值能耗（X_6）	负	0.015 3
	社会韧性	人口自然增长率（X_7）	正	0.018 0
		14 岁以下人口比重（X_8）	正	0.019 1
		65 岁以上人口比重（X_9）	负	0.024 7
		人均粮食拥有量（X_{10}）	正	0.017 2
		人口密度（X_{11}）	负	0.010 6
		文盲人口占 15 岁以上人口比重（X_{12}）	负	0.026 0
		最低生活保障人口占比（X_{13}）	负	0.023 2
		移动电话用户数（X_{14}）	正	0.096 4
	环境韧性	城市建成区绿化覆盖率（X_{15}）	正	0.022 9
		城市污水处理率（X_{16}）	正	0.016 5
		工业二氧化硫排放量（X_{17}）	负	0.019 5
		人均日生活用水量（X_{18}）	负	0.008 4
	基础设施韧性	人均道路面积（X_{19}）	正	0.017 3
		学校个数（X_{20}）	正	0.030 5
		每万人拥有病床数（X_{21}）	正	0.031 3
		互联网用户数（X_{22}）	正	0.105 9

续表

一级指标	二级指标	三级指标	指标性质	权重
城市韧性	组织韧性	医疗保险覆盖率（X_{23}）	正	0.061 7
		失业保险覆盖率（X_{24}）	正	0.084 1
	社区韧性	社会保障和社会组织人员占比（X_{25}）	正	0.034 8
		卫生和社会工作人员占比（X_{26}）	正	0.052 9

表 2-12　四川省地级市城市韧性指数

位序	城市	韧性指数	韧性级别	位序	城市	韧性指数	韧性级别
1	成都市	0.845 7	一级	10	自贡市	0.244 4	四级
2	攀枝花市	0.398 4	三级	11	雅安市	0.242 0	四级
3	德阳市	0.349 6	四级	12	达州市	0.235 7	四级
4	绵阳市	0.292 2	四级	13	内江市	0.230 1	四级
5	泸州市	0.270 1	四级	14	广安市	0.221 3	四级
6	广元市	0.259 2	四级	15	资阳市	0.213 3	五级
7	宜宾市	0.254 2	四级	16	眉山市	0.207 3	五级
8	南充市	0.246 9	四级	17	遂宁市	0.198 9	五级
9	乐山市	0.244 5	四级	18	巴中市	0.194 5	五级

四、国内典型城市韧性经验总结

近年来，新冠疫情的暴发和多发极端天气灾害的频繁发生，使建设韧性、安全城市成为国家和各大城市政府推动高质量发展的共同战略选择。西方发达国家率先提出的韧性城市理念和政策行动已经在纽约、巴黎、伦敦、东京等城市得到实践并积累了可供借鉴的相关经验。《中共中央关于制定国民经济和社会发展第十四个五年规划和二〇三五年远景目标的建议》明确提出了建设韧性城市的重要性，以提高城市治理水平，加强特大城市治理中的风险防控。上海、北京、深圳、广州等城市在各自的“十四五”规划中纷纷提出了推动“韧性城市”建设的愿景，以全面推动城市的安全高效运行。虽然个别城市制定了韧性城市建设的实施意见，但大多数城市的韧性建设仍处于起步阶段，尚未形成明确的建设路径和总体方略。因此，总结北京、上海、成都等城市的先进经验，有助于推动城市的安全高效运行和可持续发展。

(1) 城市作为一个复杂的巨型系统，包含多个子系统，这些子系统相互关联，因而城市系统的脆弱性和韧性是城市系统的特征之一。韧性城市是指城市系统在面对未来不确定性风险时，能够具有高效的预防体系，积极有效地应对和抵御风险，同时在经历灾害过程中表现出强大的适应力，能够快速恢复并使城市功能回归原先或更高的水平，从而提升城市整体的安全防范水平。因此，在城市规划、建设和管理中，应始终把安全放在首位，树立“人民城市”理念，全面理解和认识城市韧性的内涵，切实转变传统的城市规划、建设和管理理念，形成符合韧性特点和要求的风险综合治理意识，这是建设韧性城市的首要任务。具体而言，韧性城市建设需要树立两个新的风险治理理念。

一方面，从单一灾害防范向多灾害综合风险防范转变。除了关注传统的自然灾害如地震、海啸和气候变化引发的极端天气灾害，还需要从系统关联性角度出发，探索气候变化风险的连锁反应，全面考虑城市公共卫生事件、安全事故、突发事件等公共安全潜在风险，更应关注经济、社会和自然的不确定性风险，如黑天鹅和灰犀牛等概率小但损害严重的风险，实现多方协同，防患于未然。

另一方面，从静态的预防向动态的全周期风险治理转变。也就是说，城市安全不仅要关注灾前预防，更要关注“灾中的适应”和“灾后的恢复”，涵盖风险发生、应对和恢复的全周期运行过程，每个阶段都应做好最充分的准备，努力减轻灾中城市功能受损程度，缩短灾后功能恢复时间，使城市在一次次应对不确定性风险过程中逐渐增强韧性。

(2) 为了全面提升城市的功能或结构韧性，需要在技术、经济、社会和政府等多个方面展开工作。既包括建设硬件设施体系以应对各类灾害风险，也包括优化软件系统，如提升决策能力、增强社会交流互动等，以构建最强大的功能体系及相互支持体系，从而应对各类灾害和不确定性风险。这是我国建设韧性城市的重要路径和战略选择。具体而言，需要加强以下四个方面的工作。

①城市基础设施的韧性是提高城市整体韧性的重要因素。为此，应从“城市生命线系统链”的角度出发，树立“大城市更新”理念，加大对城市工程韧性的投资，全面升级城市硬件，提高其抗灾能力。具体而言，需要加强能源（电力、燃气）、交通、电信、水等管网廊道建设，并修订相关领域的改造升级标准，解决设施老化、标准偏低、超期服役或超负等问题，以提高通信、能源、供排水、污水处理、交通、防洪、防御系统的应急响应能力。此外，还应采取集中成片、微更新等方式，推进以人为本的高质量城市更新和综合改造，改善设施标准、服务标准，提高治理能力，尤其是针对老建筑、老旧小区、城中村等存在的安全风险隐患。上述措施旨在提升城市的整体韧性，促进城市可持续发展。

②全面构筑以内循环为主的新发展格局，增强城市在面对各类极端风险和灾害时的经济韧性。新冠疫情的大流行充分说明，在面对突如其来、具有巨大杀伤力的冲击时，城市经济保持足够的韧性至关重要。为增强城市的经济韧性，需要使城市经济体系在承受外部冲击和面对疫情影响时，产业链能够快速对接、工厂能够快速复工、工人能够快速到岗，以实现经济的快速复苏。具体而言，需要重点强化以下相关工作：首先，围绕城市战略性新兴产业，努力打造本土化产业链、价值链和创新链，构筑互动合作的产业集群，以预防国际外部不确定性因素或环境对本地经济带来的冲击。其次，高度重视并大力发展数字经济，做大做强数字经济平台，提高实体和线下经济应对危机冲击的运转能力。最后，在推动传统产业不断转型升级的基础上，大力发展创新性经济，打造具有包容性的城市产业结构，优化经济结构体系，实现经济创新发展的“多点开花”，为经济韧性打下坚实的结构性基础。

③面向城市基层和所有市民，提升社会韧性，加强社会各主体在危机和灾难来临时的理性应对能力。社会韧性不仅关乎市民的危机意识和应对技能，更涉及城市社会互动交往和社会资本。为此，需要重点关注以下几点：首先，加强韧性知识、政策和技术的社会宣传和教育，使全体居民掌握应对各种危机的相关方法和技能，增强社会民众的忧患意识，主动采取防范措施，做好应对各种危机和风险的准备，确保在重大危机和风险来临时，保持社会大局的安全稳定。其次，全力推进基层社区营造战略，规划建设公共空间，举办公共活动，加大民众参与，为广大民众提供社会交往、互动交流的机会和空间，构建家门口的“熟人支持网络”，增强应对危机或风险的集体合作能力。最后，针对低收入、弱势和社会边缘群体，加大更有针对性的社会救助和帮扶，切实提高这些群体抵御各类危机的综合能力，避免危机加剧不平等，降低危机风险给低收入群体带来的损失。

④全面建立并健全风险治理新机制，提升政府应对危机风险的决策管控能力和韧性。政府韧性的核心是韧性城市的建设，能够在任何情况下准确收集信息并带领民众抗击灾害，确保政府职能的正常运行。具体而言，应重点加强以下几方面工作：第一，建立全周期、全要素的风险管控机制，明确不同阶段和部门的职责和权限，确保政府在危机应对中发挥领导作用、科学决策和有序组织，增强危机应对的领导力和组织能力。第二，建立数据信息整合平台，收集各类不确定性风险及危机全过程和全要素的数据信息，时刻了解形势和信息，提高决策科学性、透明性和公平性，避免危机引发次生舆论灾难。第三，建立跨部门协同工作机制，实现上下多层级和左右多部门协同高效工作，减少内部摩擦和割裂，增强整体应对的合力和集体行动能力，最优化配置资源，推动城市总体防御体系的转型升级。

（3）为提高城市应对风险挑战的韧性，需注重全周期治理，即在危机或不确定性风险的事前、事中、事后三个阶段，分别强化“维持力”“恢复力”“转型力”。韧性城市建设应以全周期的视角，采取应对措施，不断提升城市应对灾难风险的韧性。具体而言，可采取以下建设路径和举措：

①全面做好动态风险感知和防范准备，提高城市的风险抵抗力或维持力。为此，需要做好以下几点：首先，针对城市物理系统和工程设施，利用物联网、人工智能、云计算等现代城市智慧系统，建立全方位的风险动态感知系统，实时收集不同领域设施的全时空风险类型的数据，以便早发现问题、早补短板、早做预判、早预防；其次，健全城市各行各业的应急预案体系、物资储备体系，适时开展针对不同灾难风险的实战演练；再次，合理规划、建设城市应急避难场所，明确城市空间“留白”和区域生命应急廊道建设，确保应急产业用地布局；最后，加大城市综合灾害普查工作，绘制城市灾害地图，编制灾害分区规划，针对易受灾地区积极开展设施加固重建、提高设施标准、加大公共服务供给、制定专门应急方案等，减少灾害风险可能带来的巨大损失，提高防范恢复能力。

②全面调动和整合多元资源，提高城市面临不确定性风险时的应急救援执行力和恢复力。应对不确定性的灾害和风险需要具备强有力的领导、指挥和执行力，这直接关系到城市的恢复力和韧性。在韧性城市建设中，政府应具备强有力的决策、指挥和执行能力，以最大限度地缩短灾害持续的时间，恢复城市受损的功能。为此，需要做好以下几点：首先，建立高效的应急救援指挥平台，并在面对突发的重大不确定性风险时，立即成立纵横互动融合的领导组织体系，负责制定适时的人员、财务和物资方面的决策，并向社会公开，尽快实现应急救援的供需对接，减少灾害损失。其次，针对发生的灾难风险类型，充分发挥不同专业部门的优势，加大资源和政策向主体部门倾斜，形成多部门、多队伍、多力量共同参与、有序行动的抢险救援格局，最大限度缩短灾难的延续时间，快速恢复城市相关服务功能的运行。

③构建完备的应对灾难的反馈机制，提升城市风险治理的学习能力和转型能力。城市应该与灾难相生相存，从痛苦中吸取教训，尽可能建立更具有韧性和更加强大的城市风险综合防控和适应能力，以应对未来

更大的风险挑战。因此，韧性城市建设的关键在于建立有效的反馈机制。在应对灾难的过程中，城市应该不断总结经验教训，全面评估损失和短板，为完善城市安全防范措施提供依据。同时，应当因城制宜，根据地方特点制定相应的策略和政策，强化研究，进行矩阵评估，明确不同阶段不同部门的权限职责，建立更具韧性的运行制度和政策体系，提高城市面对未来更大不确定性风险的综合防范能力和水平。此外，应该加强应急防范队伍的专业能力培训和社会风险认知宣传教育，创新政策支持形式，加大韧性投资力度，特别是在风险易发地区和弱势群体方面，吸引社会资本参与韧性城市建设，在社会包容和公平进程中不断提高社会整体韧性程度。

第三节　总结与讨论

本章对纽约、伦敦、东京、北京、上海、成都这 6 座国内外特大城市进行了案例研究，分别梳理了各个城市的韧性建设背景和强化城市韧性的实践，并结合专家学者对城市韧性体系的评价展开了分析说明。目前，城市韧性建设大多在自然或社会风险发生之后才逐步展开，通常以成立“韧性”职能部门作为统筹规划起点，发布相关法规条文并执行，主要聚焦在经济、社会、制度、基础设施、社区、道路等角度，以补齐短板的方式强化和提高城市韧性。现有研究大多以定性分析为主，缺少与定量相结合的方式，且国内尚未形成完全适合中国城市的韧性评价指标体系。构建城市韧性系统性指标体系，对提高我国城市韧性水平具有重要意义。

尤其是 2019 年末的新冠疫情给我国城市安全和治理能力带来了巨大的挑战。《中共中央关于制定国民经济和社会发展第十四个五年规划和二〇三五年远景目标的建议》首次提出要建设“韧性城市”，这也是北京、上海、成都等一批超大城市的共同战略选择。2021 年夏天，郑州的特大洪水灾害给郑州人民带来了经济、健康、环境等方面的威胁，也更加凸显了韧性城市建设的紧迫性和重要性。但综观全国各大城市韧性建设实践，发现目前大部分城市尚未形成系统性的韧性城市建设体系和行动指南，更缺乏协同科学的评价体系。有鉴于此，学习纽约、伦敦、东京等国际一流城市的城市韧性建设经验，对城市建设发展具有一定的启示和借鉴作用。

第三章　特大城市韧性体系现状

第一节　我国韧性城市发展的规划标准

我国在韧性规划和建设管理制度方面有着一系列的法规和政策。这些制度旨在提高城市和基础设施的韧性，以应对自然灾害、气候变化、经济波动等潜在风险。以下是一些关键的制度：

（1）城市总体规划。这是一项涵盖城市发展、土地利用、基础设施建设、环境保护等多个方面的综合性规划。城市总体规划需要考虑城市的韧性，以应对不确定性和风险。

（2）城市设计规范。这些规范为城市设计和建设提供了指导原则，包括建筑、交通、绿化等方面。这些规范旨在确保城市具有良好的韧性和适应性。

（3）防灾减灾规划。为了提高城市对自然灾害的抵御能力，我国制定了一系列的防灾减灾规划。这些规划涵盖地震、洪水、台风等不同类型的自然灾害，旨在提高城市的韧性和应急响应能力。

（4）气候变化适应规划。面对全球气候变化带来的挑战，我国政府也出台了一系列气候变化适应政策和措施。这些规划旨在降低气候变化对城市基础设施、生态系统和人口的影响，提高城市的适应能力。

（5）绿色建筑政策。绿色建筑政策鼓励采用可持续设计和建筑技术，降低建筑对环境的影响。绿色建筑有助于提高城市的韧性，减少能源消耗和环境污染。

（6）基础设施建设管理。我国政府制定了一系列关于基础设施建设和管理的法规，包括交通、水利、能源、通信等领域。这些法规旨在确保基础设施的安全、可靠和高效运行，从而提高城市的韧性。

（7）生态保护与修复规划。生态保护与修复规划关注生态系统的健康与可持续性，以应对环境变化和人类活动带来的压力。这些规划包括保护生物多样性、恢复退化生态系统、实施水土保持等措施，以提高生态系统的韧性和适应能力。

（8）城市更新与再开发规划。为了应对城市化进程中的老旧区域和基础设施问题，我国制定了一系列城市更新与再开发规划。这些规划通过优化土地利用、改善基础设施、提高生活质量等措施，提升城市的韧性和可持续性。

（9）应急管理制度。应急管理制度旨在应对自然灾害、突发事件和其他潜在风险，包括制定应急预案、建立应急响应机制、提高应急救援能力等措施，以确保城市在面临灾害和突发事件时能够迅速、有效地应对。

（10）法规与政策协同机制。为了实现韧性规划和建设管理制度的有效实施，政府部门需要加强协同和沟通，确保各项政策和措施能够相互支持、协同发挥作用。

总之，我国在韧性规划和建设管理制度方面已经形成了一套相对完善的体系，旨在提高城市的韧性和可持续性。这些制度涵盖了城市规划、基础设施建设、环境保护、防灾减灾、应急管理等多个方面。然而，实践中仍然需要不断地调整和完善，以适应不断变化的环境和社会需求。下面以表格形式梳理了我国现有的一些韧性规范标准（见表 3–1）、规划（见表 3–2）、政策及研究报告（见表 3–3）等。

表 3–1　我国现有韧性规范标准

序号	名称
1	《地震安全韧性城市建设导则》
2	《江苏省市县国土空间总体规划编制指南（试行）》
3	《国土空间规划城市体检评估规程》（报批稿）
4	《美丽乡村气象防灾减灾指南》
5	《社区生活圈规划技术指南》（报批稿）

续表

序号	名称
6	《省级国土空间规划编制指南（试行）》
7	《市级国土空间总体规划编制指南（试行）》
8	《乡村气象防灾减灾建设规范》（DB33T 2016—2016）

表 3–2　我国现有韧性规划

序号	名称
1	《安徽省国土空间总体规划（2021—2035 年）》公众示意稿
2	《澳门特别行政区防灾减灾十年规划（2019—2035 年）》
3	《北京城市总体规划（2016 年—2035 年）》
4	《首都功能核心区控制性详细规划（街区层面）（2018 年—2035 年）》
5	《成都市“十三五”综合防灾减灾规划》
6	《大兴国际机场临安经济区控制性详细规划（街区层面）》
7	《广东省国土空间规划（2020—2035 年）》
8	《广州国土空间总体规划（2018—2035 年）》
9	《海南省国土空间规划（2021—2035）》
10	《河北省国土空间规划（2021—2035）》
11	《湖南省国土空间规划（2021—2035）》
12	《吉林省国土空间规划（2021—2035）》
13	《内蒙古自治区国土空间规划（2021—2035 年）》
14	《青海省国土空间规划（2021—2035）》
15	《山西省国土空间规划（2020—2035 年）》
16	《上海市城市总体规划（2017—2035 年）》
17	《上海市国民经济和社会发展第十四个五年规划和二〇三五年远景目标纲要》
18	《上海市应急避难场所建设规划（2013—2020）》
19	《中国（上海）自由贸易试验区临港新片区国土空间总体规划（2019—2035）草案》公示稿
20	《深圳龙岗区应急管理“十四五”规划基本思路》
21	《四川省“十三五”防灾减灾规划》
22	《云南省国土空间规划（2021—2035 年）（公众征求意见稿）》

续表

序号	名称
23	《长三角生态绿色一体化发展示范区国土空间总体规划（2019—2035）》
24	《浙江省国土空间规划（2021—2035）（征求意见稿）》
25	《浙江省新型城镇化发展“十四五”规划（征求意见稿）》
26	《浙江城市大脑推广征求意见稿》

表 3-3　我国现有韧性政策、研究报告

序号	名称
1	《住建部 2020 年城市体检工作方案》
2	《北京市十四五时期智慧城市发展行动纲要（征集意见稿）》
3	《北京韧性城市规划纲要研究》
4	《上海市家庭应急物资储备建议清单》
5	《提高我市自然灾害防治能力的意见》
6	《加快构建现代化应急管理体系　提高处理急难险重任务能力》
7	《阿里“城市大脑”的 18 个解决方案》
8	《鹏城智能体——城市安全发展白皮书》
9	《提高重大突发事件管理能力　提升中国城市发展韧性》
10	《未雨绸缪提升应急管理，久久为功打造韧性城市》

第二节　我国韧性城市发展的政策推进

《中共中央关于制定国民经济和社会发展第十四个五年规划和二〇三五年远景目标的建议》提出建设“韧性城市”，首次从国家战略层面对建设“韧性城市”做出明确要求，使韧性城市建设上升为推进国家治理体系和治理能力现代化的重要着力点。韧性城市是一种新兴的城市发展范式，它能够在极端不利环境下保持弹性、适应性和迅速恢复能力，以确保城市的安全发展。为了实现城市的可持续发展，需要从统筹发展和安全的战略高度规划韧性城市建设，并推动其制度化和规范化，以降低城市发展过程中的不确定性和脆弱性。

为了提高城市的韧性，各地相继推出“韧性城市”建设举措。这些举措包括但不限于加强城市基础设施建设、优化城市规划设计、推广智慧城市管理系统、提升城市应急响应能力等。例如，一些城市开始推广“海绵城市”概念，通过增加绿地和水源来提升城市的水资源利用和防洪能力；一些城市开始实行“绿色出行”政策，通过发展城市公共交通、鼓励自行车出行等方式来减少交通污染和拥堵问题。这些举措的实施将有助于城市应对各种不利因素和挑战，提高城市的韧性和可持续发展能力。

一、北京：将建成 50 个韧性社区、韧性街区或项目

2017 年 9 月，北京市发布《北京城市总体规划（2016 年—2035 年)》，提出“提高城市韧性”的要求。2021 年 11 月，北京市发布《关于加快推进韧性城市建设的指导意见》，以突发事件为牵引，立足自然灾害、安全生产、公共卫生等公共安全领域，从城市规划、建设、管理全过程谋划提升北京城市整体韧性。该意见提出，到 2025 年，韧性城市评价指标体系和标准体系基本形成，建成 50 个韧性社区、韧性街区或韧性项目，形成可推广、可复制的韧性城市建设典型经验。

二、重庆：构建城市防灾减灾体系

重庆市人民政府印发的《重庆市城市基础设施建设“十四五”规划（2021—2025 年)》提出，牢固树立安全发展理念，构建综合性、全方位、系统化、现代化的城市防灾减灾体系，加快建设韧性城市。该规划提出，“十四五”期间，5 级以上江河堤防达标率达 88%，不断提升抗御地震灾害能力。推进综合管廊系统化建设，城市新区新建道路配建率不低于 30%。

三、广州：构筑更具有韧性的安全防护设施

广东省广州市人民政府办公厅印发的《广州市城市基础设施发展“十四五”规划》提出，构筑更具有韧性的安全防护设施。坚持安全发展理念，巩固防洪排涝工程体系，推进海绵城市建设，完善人防工程、应急庇护、公共消防设施，提升城市综合防护实力与急救抗灾能力，推

动建设安全韧性城市。至 2035 年，广州将建成全球重要综合交通枢纽、智慧可靠的资源保障体系、安全韧性的防护系统以及优美和谐的生态环境，全面形成具有全球竞争优势的高质量现代化基础设施体系。

四、南京：建设专业应急救援队伍

2020 年，江苏省南京市提出加快推进韧性城市建设，提高城市防灾减灾和安全保供能力。具体举措包括深入推进全域造林绿化行动、提高污水处置能力、强化生活垃圾处理能力、建设应急避难场所等。

2021 年 11 月，《南京市“十四五”应急体系建设（含安全生产）规划》出炉。具体做法包括：市区分别建设不少于 5 支和 3 支重点专业应急救援队伍；强化应急救助，将自然灾害发生后受灾群众得到有效安置时间由 12 小时缩短为 10 小时之内等。

第三节　我国韧性城乡发展现状与挑战

我国在韧性城乡发展方面已经取得了一定的成绩，但仍然面临着一系列挑战。在政策层面，我国已经制定了一系列关于韧性城市和乡村的规划、建设和管理制度。在实践层面，越来越多的城市和乡村开始关注韧性发展，采取措施提高对自然灾害、气候变化等风险的抵御能力。此外，绿色建筑、生态保护和修复、低碳城市等方面的实践也在逐步推进。我国是世界上自然灾害最为严重的国家之一，具有灾害种类多、分布地域广、发生频率高、灾害损失重和灾害风险高的特点。在全球气候问题不断加剧的背景下，自然灾害的突发性、异常性、复杂性也日渐增加，我国城乡灾害治理面临更为复杂的挑战，自然灾害风险的综合防范亟待加强。

1. 增强城市安全韧性是我国城市发展的新趋势。我国目前已形成以中心城市、城市群和都市圈为主体的城镇发展格局，人口、产业和基础设施的高度集聚加剧了城镇自然灾害的风险，而抵御灾害风险能力的地域性差异也日益显著。在统筹发展和安全的指导思想下，我国“十四五”规划明确提出，顺应城市发展新理念、新趋势，建设韧性城市，增强城市的安全性和韧性。

2. 推进应急管理体系和能力现代化的新途径。应急管理是国家治理体系和治理能力的重要组成部分，加强应急管理体系和能力建设既是一项紧迫任务，又是一项长期任务。韧性城市作为当下最为前沿的城市综合防灾减灾救灾理念，已得到国际社会的广泛认可，而由于其在全过程闭环管理等方面的创新优势，建设韧性城市也必将成为我国加快推进应急管理体系和能力现代化的重要途径。

此外，虽然我国制定了一系列关于韧性发展的政策和标准，但在具体实施过程中仍然存在执行力不足的问题。政策与实践之间的落差、部门之间的协同不足以及地方政府对韧性发展的重视程度不一等因素影响了政策的有效实施。韧性城乡发展需要大量的资金投入，包括基础设施建设、防灾减灾设施、生态保护与修复等方面。在有限的财政预算下，如何合理分配资金以支持韧性城乡发展成为一个挑战。韧性城乡发展需要运用先进的技术和方法进行规划、建设和管理。然而，我国在这方面的研究和应用仍然有待加强，技术水平和人才储备相对不足。

3. 建设数字中国释放数字治理新动能新优势。我国数字经济发展活力不断增强，数字社会建设步伐稳步向前，数字政府服务效能显著提升，建设数字中国充分释放了我国数字治理体系和能力的新动能、新优势，既为建设韧性城市提供了坚实的经济基础和信息技术支撑，又从数据要素市场、数字治理政策和网络安全保护等方面为建设韧性城市营造了一个良好的数字生态环境。

第四章　特大城市韧性体系评价理论框架

第一节　城市韧性体系评价框架

城市系统是一个开放的复杂系统，不是一个单独的维度，其具有社会、经济、生态、环境与文化等多个主体要素，且与交通、公共卫生、教育等多个公共服务设施密切联动，相应的城市韧性也体现在多个维度。一些学者认为对于韧性城市系统的测度需要承认复杂系统非线性、反馈循环、跨尺度交互、自组织等特性，与其寻求用精确的度量标准来度量韧性，或者试图制定通用的韧性指标，不如采用“经验法则”或“代理法则”。城市韧性的测度包括定性测度和定量测度两种方式。定性测度通过调研与访谈方式探索韧性构成要素，定量测度则对韧性要素进行数值分析。此外，通过城市系统的模拟，能动态全过程表征或测度城市韧性。系统模拟方法可对复杂城市系统进行多要素动态模拟，为韧性规划提供定量依据。由于韧性城市概念本身就采用了系统的观点，旨在提高复杂系统适应变化、应对冲击的能力，因此对韧性城市进行系统模拟可为韧性规划提供更有价值的借鉴。

一、定性评价

（一）社区基准韧性指标

社区基准韧性指标（baseline resilience indicators for communities，BRIC）是由南卡罗来纳大学卡特（Cutter）教授及其合作者于 2010 年提出的一套基于经验模型的韧性评价体系，可用以评价社区当前的总体韧性。BRIC 评价系统共包含六个领域（社会、经济、住房及基础设施、组织、社区资本、环境），总计 49 个评价指标。BRIC 给出的韧性评价并不依赖于具体的灾害类型，也无须对城市在灾害下的表现进行分析或估计。相反，BRIC 基于现有的公开数据对社区的韧性作出经验性的评价，评价的结果可用来指导社区制定提升韧性的政策。BRIC 可以让城市管理者利用现有信息快速地对城市进行韧性性能分析，但是其分析结果只能间接反映城市的韧性，不能直接指导防灾减灾计划。BRIC 已被应用到美国南卡罗来纳州各县和 288 个中国地级市的韧性评估中。

（二）洛克菲勒基金会城市韧性框架

城市韧性框架（CRF）是奥雅纳（2014）在洛克菲勒基金会 100 个韧性城市倡议的支持下开发的一个框架，用于阐释城市韧性以及不同专业的韧性评价框架，包括能源韧性框架、水韧性框架与评价体系和基础设施评价系统等。这个框架基于广泛的文献综述，包括不同特征的城市和大量的实地调查，以收集数据和发展案例研究。该框架将 12 个指标分为四类，即领导力和战略、健康和福祉、基础设施和环境、经济和社会，并进一步细化为 48 至 54 个子指标和 130 至 150 个变量。这 12 个指标涵盖了一个有韧性的城市所具有的特征：适应性、智慧性、可靠性、包容性、完全性、综合性和灵活性。CRF 也是 2015 年制定城市韧性指数（CRI）的基础。

领导力和战略涉及知识。韧性城市基于对过往发展历程的学习，以汲取经验，并采取适用于未来发展的城市综合治理方案。城市必须具备有效的领导和城市管理，其特点是包容性治理，涵盖政府、企业和民间社会，形成循证决策。城市通过提供信息和教育，赋予所有参与方权力，助力个人和企业制定合适的发展方案，以综合方式发展，助力宏观愿景、各部门策略性计划以及个体项目的协同发展。

健康和福祉涉及人，即关系到在城市中工作和生活的每一个人的健康和福祉，也涉及城市如何提供多样化的日常生活机会，覆盖企业投资和社会福利两方面，主要评估城市在发生危机等情况时可以满足人们的基本需求（食物、水和住所）的程度，囊括了城市在常规情景和紧急医疗状况下能够保障其市民健康的能力。

基础设施和环境涉及场域（place），即以目标地区的基础设施和生态系统质量为重要载体，涉及基础设施和生态系统的稳健性，以保护我们免受自然灾害的威胁。另一个重点是在受到冲击或压力的情况下，城市关键基础设施的有效服务体系运作水平，如供水、配电和固体废物管理、货运、人员和信息的流动系统等。

经济和社会维度涉及城市的组织（organisation of cities），即怎样的社会和经济系统使城市居民能够和平生活，并生成某些合作行动的意识。其核心理念为创建集体认同感以及相互扶持的城市环境，并以开放空间和文化遗产作为重要支撑和推动作用。当人们的饮食、卫生、能源及住房等基本物质需求得到满足时，城市环境将作为重点关注对象，包括城市法律和规范体系，以及金融管理保障制度。这个组织整合了社会和物理方面，它认为人类驱动的过程是社区的组成部分。从规划建设角度出发，财政资源限度也被考虑在内。

（三）STAR 社区评分系统

STAR 社区评分系统是美国第一个志愿性、自报告的评价系统，该系统被用于评估、量化和改善社区的宜居性和可持续性。STAR 社区评分系统针对社区的经济、环境和社会，分八个维度进行评价，分别是建筑，气候和能源，教育、艺术和社区，经济和就业，公平和赋权，健康和安全，自然系统，创新和发展。八个维度共计 800 分，对每一项进行评分，并对所有项目进行累加评分，如果总分超过 600 分，则为 5 星社区，400~599 分为四星社区、200~300 分为三星社区，50~199 分为报告社区，50 分以下是参与社区。目前，全美已经有 70 多个社区通过了 STAR 社区的认证。

（四）RAPTA

RAPTA（the resilience adaptation and transformation assessment framework）是由 STAP 开发的针对社会生态系统的韧性评价框架，通过这一工具帮助项目的设计者和规划者在项目一开始的时候就引入韧性、适应性和可变性，从而确保项目的结果是可行的、有价值的、持续的。这一框架提供了一项可用于评估韧性的工具——SHARP（self-evaluation and holistic assessment of climate resilience of farmers and pastoralists)，这是一项针对小农和牧民的社区一级的评估其气候韧性的工具。该工具根据卡贝尔（Cabell）和欧洛弗斯（Oelofse）在 2012 年提出的 13 项指标来评估系统的韧性，一般采用互动调研的方式，包含了五个方面 54 个问题。

（五）社区韧性系统

社区韧性系统（community resilience system，CRS）是一套由美国国土安全部/联邦应急管理署资助，由社区和区域韧性研究中心（CARRI）负责开发的行动导向的、基于互联网的韧性提升框架，以帮助社区评价并且改善应对灾害及其他扰动时的韧性。社区韧性系统（CRS）将人员、规划流程和技术聚集在一起，以提高单个社区的韧性。该系统不仅是韧性提升智囊库，还能为从理想分析到实际规划提供一个系统的流程指南，同时也给出了辅助支撑的利益相关者合作机制。CRS 的开发于 2010 年启动，采纳了来自研究人员、政府官员和公共/私有部门代表的意见。CRS 考虑了 18 个关键性的社区服务领域，其开发专门考虑了社区官员的使用。CRS 包括了一个社区韧性的知识库，定义了什么是社区韧性，如何提高社区韧性，什么工具可以帮助评估韧性，以及社区可以利用哪些资源来采取措施提高韧性。Web 流程是一个清单驱动的方法，有针对每个 CRS 量身定制的问题。一个问题的答案可能会引发更多的问题。对于许多问题，提供了评论区，以便社区尽可能具体地回答。CARRI 团队注意到，一种便利的方法（例如，一个与社区合作的外部小组，如 CARRI）是最有效的。“作为一种‘部分促进’的模式，CRS 过程更富有成效。在这种模式中，一些支持性专业知识帮助社区应用韧性的各个方面，并将它们嵌入社区的环境和过程中。”CRS 可以帮助社区设想出一个未来的韧性社区，确立必要的措施来提升社区在未来灾害和其他干扰下的整体韧性。CRS 中的评价体系基于网络，由打分表来驱动，可根据当前回答问题的情况引出更多相关的问题。社区韧性系统（CRS）已在七个美国城市试点推行。

（六）社区韧性提升工具

俄克拉何马大学健康科学中心的恐怖主义和灾难中心开发了社区韧

性提升工具（CART）。它由美国卫生与公众服务部药物滥用和精神健康服务管理局、美国国土安全部恐怖主义和应对恐怖主义研究国家联盟以及疾病控制和预防中心共同资助。具体包括：生成社区简介（CART团队和合作伙伴）；完善社区概况（社区工作小组）；制订战略计划（社区规划小组）；实施计划（社区领袖和团体）。

CART 方法不只适用于受灾害影响的社区，也适用于其他不同规模和类型的社区。它具有创新性，为社区提供了一套完整的工具和指南，以评估其在多个领域的韧性。该工具包包括 CART 评估调查、关键线人访谈、数据收集框架、社区对话、邻里基础设施图、社区生态图、利益相关者分析、SWOT 分析以及能力和脆弱性评估。该方法的重点是提供一个社区参与对韧性的思考的过程，并为更高级的韧性行动奠定基础。

（七）俄勒冈州韧性规划

俄勒冈州是美国重要的高科技中心和金融中心，该州主要的风险是地震灾害。俄勒冈州韧性规划（Oregon resilience plan）主要针对地震和海啸，共有 8 个研究小组分别针对商业和劳动力的连续性、沿岸社区、关键/基础建筑、能源、通信、交通、给排水系统进行研究。俄勒冈州韧性规划建立在 SPUR 方法和华盛顿州韧性倡议的基础上，对单个地震和海啸事件的影响进行全州预测。华盛顿州韧性计划是基于 SPUR 方法开发的框架，俄勒冈州的韧性框架使用与华盛顿州韧性规划类似的功能目标表和标准。预计的影响包括生命损失、建筑物被摧毁或损坏以及家庭流离失所。该研究找了一个可影响全州的高度脆弱点，即俄勒冈州的液体燃料供应和由液体燃料供应长期变动引发的连锁反应。该研究给出了能够提高既定灾害事件的韧性并缩短该州恢复时间的措施建议。除此之外，俄勒冈州还展开了针对气候变化和健康的城市韧性提升计划，即 Oregon climate and health resilience plan（2017）。

（八）马里兰州社区 CoastSmart 打分卡

马里兰州位于大西洋沿岸，属于美国洪水灾害高风险地区，因此马里兰州切萨皮克沿海服务（Chesapeake & Coastal Service）于 2013 年为马里兰州的沿海社区提供了一套自评估系统，以评价社区应对沿海灾害发生时的准备情况和由于气候变化可能产生的结果。这一评价系统与海洋和大气管理局（NOAA）开发的滨海社区韧性指数有类似之处，也是通过回答一系列是否的问题，考察社区在风险和脆弱性、人口和财产、基础设施和关键设施、自然资源、经济和社会五个方面的表现，并给出相应的建议。

（九）自然灾害后城市可持续量化评价

自然灾害后城市可持续量化评价（quantifying sustainability in the aftermath of natural disasters，QSAND）是一套用于提高灾后城市恢复和重建能力的自评价工具，由英国建筑研究所（Building Research Establishment，BRE）代表国际红十字会和红新月会（International Federation of the Red Cross and Red Crescent Societies）于 2014 年开发。QSAND 评价系统包含社区和避难所、移民、材料和废弃物、能源、供水和排水、自然环境、通信、交叉领域。对不同系统，根据系统所设定的不同标准进行评分，经过汇总以后，得到总体的得分，当得到总分的 30%、45%、65%、90%的时候，则认为系统分别达到了最低、好、非常好、优秀四个档次。QSAND 给出了一套 Excel 的评价表格，便于使用者进行分析。

（十）滨海社区韧性指数

滨海社区韧性指数（coastal community resilience index，CCRI）是一套由美国国家海洋和大气管理局（NOAA）于 2015 年开发完成的简易自我评价工具，可以帮助政府官员预测城市在飓风、洪水等自然灾害下的韧性性能。通过回答一系列是/否的问题，有经验的规划师、工程师、洪泛平原管理决策者以及政府官员可以在 3 小时内利用该工具和已有的信息完成所在城市的初步韧性评估。CCRI 主要关注沿海城市社区在飓风、风暴潮及降雨造成的洪水状况下的功能损失和短期恢复能力。CCRI 尤其关注社区基本服务功能的恢复过程和恢复时间。其评估内容包括以下六个方面：关键基础设施、交通系统、社区规划、防灾措施、商业计划、社会系统。韧性评估的结果可以帮助城市快速定位其在整体韧性表现中的短板，并通过合理的资源调配在下次灾害来临前加以妥善解决。CCRI 并不是一个详细的韧性评估，而是为社区粗略了解其韧性提供了一个简易工具，并为进一步详细的分析和规划提供基础。CCRI 已在美国墨西哥湾沿岸 5 个州的 17 个城市社区进行了试点分析并得到了进一步的改进。

（十一）快速风险评价

快速风险评价（quick risk estimation，QRE）是由 UNISDR 开发的一项基于 Excel 的评分卡工具，用于快速识别和理解人员物资面临的风险、压力和冲击。QRE 旨在使各城市能够设立当前抗灾韧性水平的基准，确定投资和行动的重点，并跟踪它们在提高抗灾韧性方面的进展。其中有 85 个灾难韧性评估标准，分为以下几个方面。

1. 研究：包括基于证据的威胁和所需对策的汇编和交流。

2. 组织：包括政策、规划、协调和融资。

3. 基础设施：包括关键社会基础设施、设施系统建设、系统的发展。

4. 响应能力：包括信息提供和传播能力。

5. 环境：包括维持和加强生态系统服务。

6. 恢复事务分类、恢复服务、重建规划能力。

每个评价标准都涉及灾难韧性的一个方面，并有一个定性测量（从 0 到 5，其中 5 是最佳情况）。正式的清单制定围绕“关于城市韧性的 10 个要点”，并与《Hyogo 框架》（UNISDR，2005）的 5 个优先事项相适配。总分由 85 项评分按比例加权得到。为进行更详细和更全面的评估，联合国国际减灾战略中提到，安排 2 至 3 人来进行城市韧性评价至少要 1 周时间，若想要更为详尽全面的测评，可能要 2 个月。

在 QRE 中，灾害的分类与 DRSC 的内容是一致的，一共有包含空中核爆炸、动物事变、地震、洪水等在内的 86 种，这个方法的核心是根据灾害的严重程度和灾害发生的可能性建立灾害风险矩阵。根据灾害发生的可能性获得评分，再根据灾害风险矩阵，给出最终的风险评价结果，因而 QRE 是一款侧重于风险的评价体系。

（十二）气候风险及适应性框架和分类

气候风险及适应性框架和分类（climate risk and adaption framework

and taxonomy，CRAFT）由奥雅纳（ARUP）和C40城市集团在布隆伯格慈善基金会（Bloomberg Philanthropies）的资助下于2015年开发，可以让城市管理者分析和报告所在城市在气候变化风险下面临的威胁及应对措施。该框架着眼于增加城市内部信息共享和合作，通过改进、加速、转变发展模式和实施城市自适应策略来提升城市在气候变化风险下的韧性性能。CRAFT主要包含三个模块：收集城市信息模块，问题理解模块，规划、响应和检测模块。CRAFT可以给城市管理者提供直观的评估结果，帮助其认识自身气候适应规划的进度，找到可能的改进机会，并为城市之间的韧性表现和规划管理的比较提供基础。CRAFT中的韧性分析模块的目的在于检测指示城市在应对气候变化时应对措施的实施进度，而不是直接评估城市的韧性表现。因此，CRAFT的韧性评估并不详细，但是提供了为数不多的专门致力于评估城市在应对气候变化威胁时的韧性的工具。

（十三）SuRe

SuRe（the standard for sustainable and resilient infrastructure）是一项针对基础设施的可持续性和韧性的国际性标准（2015年），包含了76项指标，涵盖了环境、政府和社会等14个方面，对于每一项评分，根据项目申请登记认证级别（认证、银牌认证、金牌认证）进行评分，并最终给出项目的总得分。目前，GIB（The Global Infrastructure Basel Foundation）已经对中欧、东欧、中国、印度、南美和亚太地区的超过10个基础项目进行测试。SuRe是一套全球性的城市韧性认证体系。

（十四）CDIA Project Screening

CDIA Project Screening由亚洲城市发展倡议（Cities Development Initiative for Asia，CDIA）于2016年开发，该工具旨在帮助城市识别和分析投资，特别是气候适应战略中优先考虑的投资，以增加向下游融资的机会。CDIA Project Screening软件为网页工具，并有针对性地填写相关的数据和信息，其中包含了城市不同行业和财政等方面的相关问题，如防洪管理、应对气候变化管理、资本收入、市政府资产等。

（十五）ISCA-IS Ratings

ISCA-IS Ratings 是 2016 年澳大利亚绿色基础设施协会开发的针对澳大利亚和新西兰的一个基础设施可持续性综合评分系统，用于评估基础设施项目的规划、设计、建设、运营阶段的可持续性，得到基础设施在管理、经济、环境、社会四个方面的表现，并给出不同的分级级别和认证。ISCA-IS Ratings 以电子表格的形式给出了针对各项目的加权评估计分计算工具。

（十六）城市灾害韧性评价卡

城市灾害韧性评价卡（disaster resilience scorecard for cities，DRSC）是一套由联合国减少灾害风险办公室（UNISDR）开发的评价体系，能帮助城市了解其现有自然灾害下的韧性表现，以此为基础优先安排未来投资和计划，并追踪城市在时间维度上改进韧性的进展。DRSC 围绕 2005 年提出的 Hyogo 框架中的使城市变得韧性的 10 个关键领域，并将其分成了三组：政府和金融能力、规划和灾前准备、灾后应急和恢复。每一个指标下又可分为 1 级子指标和 2 级子指标，每个 2 级子指标的表现根据定性或定量的标准转化成 0~5 的得分（5 最好）。DRSC 最终给出的结果为城市在每个关键领域（共 10 个）的韧性评分及总的评分。DRSC 为一套专门针对城市在灾害下韧性性能所开发的评价系统，包含了非常完整的与城市韧性相关的指标。DRSC 目前已在全球范围内 35 个城市试点，依据其评价结果建立了 Open Data Infrastructure for City Resilience 这一工具包。

（十七）ThinkHazard!

ThinkHazard! 是一个由世界银行管理的组织 Global Facility for Disaster Reduction and Recovery（GFDRR）于 2017 年建立的通过历史危害数据查询和展示不同自然灾害针对指定区域影响可能性的网站。其中，各类自然灾害被定义为非常低、低、中和高四个等级，从而在项目设计和实施中考虑这些灾害，减少灾害带来的损失，增强气候适应性。

（十八）Resilience Atlas

Resilience Atlas（2017）是一套建筑的互动型分析工具，由洛克菲勒基金会资助开发，旨在帮助决策者透视他们的数据，寻找到项目应该发生在何处。该工具主要针对东北非、南亚、东亚等地区的外部压力和灾害，研究不同类型的人力和物力如何联合影响地区的韧性内容。该工具有一个基于网站的开源地图平台，主要针对社会生态体系，通过对日常可见指标的跟踪考察，达到衡量系统韧性的目的。在网站内根据所选的指标，确定适当的国家分析，即可得到相应的评估报告。

（十九）亚洲气候变化韧性网络

ICLEI ACCCRN 是由洛克菲勒基金会联合地方可持续发展协会（ICLEI-Local Governments for Sustainability）于 2017 年建立的亚洲城市气候变化韧性网络行动（Asian Cities Climate Change Resilience Network，ACCCRN）。该行动分为四步来帮助政府部门提高城市应对气候变化的韧性，其中，在第二步需要学习与气候核心团队对话和互动以收集信息，然后逐项评分，并根据风险矩阵计算得到不同系统的风险地图，用以评价随后的韧性提升工作。在第四步中建立了相应的韧性指标，从冗余性、灵活性、响应能力、信息获取能力四个方面分别进行评价，并给出总体的韧性评价。

（二十）Uscore2

Uscore2（city-to-city peer review tool，2018）同样是由 UNDRR 开发的针对韧性城市规划的同行评估系统。该系统的实施一共包含 10 个单元，针对不同的模块设计了不同的调研问题，通过调研团队对目标城市的调研，寻找城市相关系统的薄弱点并作出评价和建议。

（二十一）城市水韧性分析方法

城市水韧性分析方法（city water resilience approach，CWRA）由洛克菲勒基金会和斯德哥尔摩国际水协会联合其他成员组成的督导组（CWRA Steering Group）于 2019 年提出。该方法一共有五步，分别是理解系统，评估城市水系统韧性，制订计划，实施计划，评估、学习和适应。评估城市水系统韧性中共有 12 个目标，53 个子目标和 104 个目标草案，考察城市在领导和战略、计划和经济、基础设施和生态系统、健康和财富四个方面的城市韧性。通过对各项指标进行评分并相加，最终得到水系统的韧性评价。这一计划在开普敦（Cape Town）、大迈阿密地区（Greater Miami and the Beaches）、约旦国家安全与危机管理中心（Jordan National Center for Security and Crisis Management）获得了应用，应用成果被做成了一个网站进行展示。

（二十二）ReCOVER

ReCOVER 是在系统研究国际城市韧性评价体系的基础之上，结合中国城市发展现状，基于对城市灾后实际恢复过程的系统考察所建立的城市韧性评价体系。该评价体系通过解析城市灾后恢复过程的四个阶段，即救援阶段（rescue）、避难阶段（refuge）、重建阶段（rebuild）、复兴阶段（revival），从社区与人口（community and population）、政府与管理（official organization and management）、住房与设施（valuable housing and facilities）、经济与发展（economy and development）、环境与文化（renewable environment and culture）五个维度，以 62 项指标对城市的韧性进行系统分析。这一体系可以简称为城市韧性评价的 ReCOVER 体系，其中“Re”代表了城市恢复的四个阶段，COVER 则分别代表城市韧性的五个维度。

（二十三）emBRACE

emBRACE 计划是受欧盟委员会（European Commission）资助，旨在改善欧洲灾害背景下的韧性框架。它将开发一种概念和方法，用来描述、定义和衡量一个社会面对自然危害和灾害时的韧性。在广泛的文献梳理基础上，该计划将首先阐述一个初步的概念框架。其次，审查灾害足迹以及对目前人类影响和发展数据库在提供区域和国家层面的抗灾能力数据方面的数据差距和挑战，这将为指标的制定提供信息。最后，通过在欧洲进行的六个精心挑选的案例研究来测试和验证指标，这些案例面临不同的自然灾害，处于不同的治理环境和社会人口经济背景下。

二、定量评价

（一）Bruneau 四维度评价模型

2003 年，布鲁诺（Bruneau）等人提出了社区韧性评价的四维度模型，四个基本维度包含了技术、组织、社会和经济，各维度均需要满足鲁棒性、冗余性、智慧性和快速性等四个基本特性。具体来看，系统在扰动后不会产生功能退化的能力，即鲁棒性（robustness）；系统各部分的可替代性，即冗余性（redundancy）；发现问题并调动所需资源的能力，即智慧性（resourcefulness）；系统及时恢复功能的能力，即快速性（rapidity）。应当注意到，该模型的提出具有重要的开创性意义，但是评价系统相对还比较简单，如基础设施系统仅考虑了电网、水网、医疗和应急系统，不同维度的量化分析方法还不具体。

（二）HAZUS

HAZUS 是一套由美国联邦应急管理署（FEMA）于 2005 年资助开发，可应用于美国全国范围的标准化自然灾害风险评估体系。该体系利用地理信息模型（GIS）来量化分析多种自然灾害（现已包含地震、风、洪水及海啸）对城市基础设施、经济和社会的影响。由于开发时间较早，HAZUS 侧重于对自然灾害下即刻的直接和间接损失的量化评估，而对于灾后城市社区功能恢复的考虑较少。

HAZUS 方法和相关数据集覆盖整个美国。研究区域可以是美国人口普查区内的任意位置。具体的灾害模型包括地震（包括火灾）、洪水（河流或沿海）和飓风（风和风暴潮）。该模型的重点是直接的物理和经济影响，以及较小程度的社会影响。该模型能预测建筑物和基础设施系统的预期使用损失（仅地震和洪水）、住房需求、伤亡（仅地震）、建筑内容和库存损失、工资和收入损失以及间接经济损失（仅地震和洪水）。该模型在估计经济损失时明确考虑了可能的恢复时间，但并不是以与时间相关的函数形式给出的。

虽然 HAZUS 配备了多个自然灾害分析模块，但是并不能考虑多种灾害同时作用下城市的韧性表现。尽管如此，HAZUS 完备的数据库和科学的分析体系使其通常可以作为其他评估体系的基础和补充，并在很大程度上推动后续与韧性城市相关的研究工作。

（三）SPUR 框架

SPUR 框架由旧金山湾区规划和城市研究协会（the San Francisco

Bay Area Planning and Urban Research Association, SPUR, 2009）开发，是一套基于韧性评价、通过有针对性的抗震加固措施来提高旧金山市地震韧性表现的系统。SPUR 框架主要有如下四部分内容：①防灾规划背景下的城市韧性；②期望地震下的韧性性能目标；③透明的性能指标度量；④旧金山市下一阶段针对新建建筑、已有建筑和生命线工程的改进建议和措施。对于几种根据功能类型划分的功能群落（clusters），SPUR 分别确立了其在期望地震场景作用下功能恢复时间的性能目标。虽然经济和社会方面的指标并没有直接出现在 SPUR 的输出结果中，但是其包含的各功能群落的恢复时间目标可以明确提高城市的经济韧性和社会韧性。虽然 SPUR 的提出基于地震灾害威胁下的旧金山市，但它也为其他的韧性评价系统提供了可供参考的评价指标和方法。

（四）城市韧性剖析工具

城市韧性剖析工具（city resilience profiling tool, CRPT）是由 UN-Habitat（United Nations Human Settlements Programme，联合国人类住区规划署）于 2013 年开发的城市韧性评价和提升的系统性方法。CRPT 的基本实施步骤包括初始化与训练（initiation and training）、数据收集与诊断（data collection and diagnosis）、分析（analysis）、韧性行为（actions for resilience）、进一步发展（taking it further）。其中第二步数据收集和诊断部分，针对城市受到的冲击、压力和挑战，以及城市内部因素（建筑、供应链和物流、基础设施、移动性、政府公共服务、社会包容与保护、经济、生态）展开评价和分析。为了便于应用，CRPT 还开发了简化版本 CRPT Lite。

（五）PEOPLES 评价体系

2016 年，Cimellaro 等提出了从七个维度评价城市韧性的 PEOPLES 模型，这七个维度分别是人口（population and demographics）、环境和生态（environmental and ecosystem）、政府组织（organized governmental services）、物理基础设施（physical infrastructures）、生活方式和社区管理（lifestyle and community competence）、经济发展（economic development)、社会和文化资本（social-cultural capital)。在不同维度上，作者提出采用不同的量化评价指标以评价系统的韧性，通过不同系统之间的量化的相互依赖矩阵（interdependency matrix，IM)，计算得到整个社区的韧性指标，进而从恢复时间、功能和强度三个维度，评价整个社区的韧性。这一模型在医疗系统、供水系统、供气系统等不同领域得到了实践应用。

（六）CRAM

CRAM（community resilience assessment methodology）是 *Community Resilience Planning Guide*（2016）的一部分，是由美国 NIST 资助开发的韧性社区规划设计标准。该标准通过六步最终实现社区的韧性规划和提升，其中第二步和第三步通过对现在社区的经济、社会、建筑、基础设施等相关指标的统计和聚类分析，得到目前各项设施的恢复时间和预期设施恢复时间之间的差距，从而可以实现当前社区的韧性评价。结合这一标准，NIST 开发了一款网页形式的工具 EDGe $（economic decision guide software)，以实现对社区韧性规划设计的经济预算决策分析。

（七）CRIDA

CRIDA（climate risk informed decision analysis）是 2018 年由联合国教科文组织开发的一个针对水资源管理（特别是发展中国家）的应对气候风险的决策分析工具。该工具的实施主要分为五个步骤，分别是确定决策内容、底层脆弱性评估、建立鲁棒性和管理适应性计划、评估方案可替代性、最终决策组织实施。通过这一过程最终增强水资源系统的韧性和鲁棒性。其中，第二步是通过未来风险矩阵进行计算分析。

三、模拟仿真

（一）CB-Cities

CB-Cities 是由伯克利研究团队建立的基于 Agent 模型的针对大城市的大规模、高仿真的模拟系统，包含了交通系统、消防疏散、供水管网、地下隧道四个方面。在交通系统中，建立了静态的/准静态的交通流模拟，可以反映现实设计中的交通事故、追踪车辆位置等。在交通流模拟的基础上，基于城市火灾模拟，考虑人群动态变化，实现了消防疏散的分析评估。

（二）CAESAR

CAESAR（cascading effect simulation in urban areas to assess and increase resilience）是一款源于德国 Fraunhofer EMI 集团的开始于 2009 年的用来模拟相互关联的重要基础设施中存在的级联效应的软件，以达到评估和提高系统韧性的目的。该软件可以识别单系统中的脆弱构件，同时还可以评估网络内和耦合网络间的潜在风险，软件本质上基于 AGENT 建模。

（三）IN-CORE

IN-CORE（interdependent networked community resilience modeling environment）同样是由 NIST 资助，由科罗拉多州立大学领衔的 NIST-funded Center for Risk-Based Community Resilience Planning 于 2013 年开始开发的城市社区韧性分析规划工具，包含了 pyIncore、IN-CORE Web Services、IN-CORE Web Tools、IN-CORE Lab 四个不同的部分。它考虑了基于风险的决策方法，因而可以量化分析比较不同的韧性恢复策略。在 In-Core 平台，来自社区的数据可无缝集成，从而使得用户可以使用基于物理的相互依赖的模型并与社会经济系统相结合，智能地优化社区的灾后恢复计划和策略。

（四）GRRASP

GRRASP（geospatial risk and resilience assessment platform）为始于 2013 年的一套开源的计算机软件集成平台，用以分析和模拟关键基础设施，实现风险和韧性分析。该平台包含了网页服务、文档管理、GEO 服务器、关键基础设施数学模型和可视化平台。以网络设施为例，除了给出传统的连通性、关键路径等指标分析之外，GRRASP 还给出了一些新的风险性和脆弱性的指标。

（五）NISMOD

NISMOD（national infrastructure systems model）是由牛津大学和剑

桥大学领衔的研究团队于2015年建立的英国第一个基于复杂网络理论的基础设施模拟分析平台和数据库，共分为NISMOD-LP、NISMOD-RV、NISMOD-RD、NISMOD-DB四个模块。基于这一平台，可以分析各个基础设施的脆弱性和韧性。目前，这一平台已经成功分析了伦敦电网受到网络攻击的情况、气候变化对坦桑尼亚运输系统的影响和由此造成的经济和基础服务的风险等。

（六）SAVi

SAVi（the sustainable asset valuation）是一套于2017年开发完成的工具，旨在帮助政策制定者和评估者深度理解和分析基础设施项目的全生命成本，特别是在考虑风险时该工具涵盖了各种基础设施系统，包括交通、能源、水系统、建筑、基于自然的基础设施如湖泊和湿地、材料管理、绿色经济、绿色公共采购等。模型采用系统动力学软件Vensim，实现社会-经济-环境系统的模拟。

（七）SimCenter

SimCenter（computational modeling and simulation center）是由美国NSF资助的、The Natural Hazards Engineering Research Infrastructure（NHERI，伯克利团队）于2018年开发的，针对城市灾害的计算软件。该软件不仅可以分析模拟自然灾害在结构、生命线和社区的影响，还可以为决策者提供相应的决策建议。SimCenter有针对不同灾害的多个分析模块，可以实现灾害分析、反应分析、建筑环境分析、不确定性量化等功能，并能够在Windows、Mac等不同的平台上运行。目前该软件还在进一步的开发之中。

（八）Resilience. io

Resilience. io是2018年开发完成的基于计算机的城市区域计算分析平台，包含了资源流动、人口和商业行为、基础设施系统，是世界上第一个开源的人口-生态-经济系统分析平台，可以用于韧性灾害风险分析规划、政策制定、投资和采购。该系统本质上是以AGENT模型为基础进行开发的，目前已经应用于供水-排水-健康系统、废水-能源-给水系统、能源-供水-食品系统等的分析。

（九）Sim·CI

Sim·CI致力于评估极端气候和网络攻击等情况下城市基础设施韧性和安全性，为相关的经济决策等提供支持。Sim·CI是一个仿真模拟平台，能够接入实时数据，旗下针对不同的目标客户，分为SIM·SURE、SIM·SAFE、SIM·SHAPE，分别针对经济、应急服务和规划，系统结合了GIS和相关的数学算法开发，以SIM·SURE为例，它可以动态展示城市建筑群的损失破坏情况。

（十）城市尺度多基础设施网络韧性模拟工具

城市尺度多基础设施网络韧性模拟工具（city-scale multi-infrastructure network resilience simulation tool，CMNRST）是由伯克利研究团队于2019年建立的滨海地区城市尺度韧性评估软件系统。该软件系统针对地震之后的韧性评价和城市恢复问题，考虑到交通系统是灾后恢复的最基础的网络层次基础设施，对交通系统予以重点关注，既可以评估交通系统的可达性和交通分布、速度的降低和灾后救灾资源的重建，也可以实现实时的概率分析。团队建立了基于GitHub的开源代码，并可基于伯克利的高性能计算集群网络模拟工具实现分析计算。

四、混合评价

（一）FAUC

FAUC（the framework for acting under uncertainty and complexity）是始于2014年针对一个组织五个方面（创业性、预警、适应性、韧性、创新）的能力进行评估的体系，从而发现一个组织的薄弱点，使得其能够有效地应对复杂和不确定性的环境。FAUC通过两项产品实施，一个是FAUC PLAY，另一个是FAUC Assessment，前者采用交互性的结构性访谈，而后者则通过定量和定性相结合的方式。

（二）城市强度诊断

由世界银行the Global Facility for Disaster Reduction and Recovery（GFDRR）支持并于2015年建立的城市强度计划旨在帮助城市增强城市面临种种冲击和压力的韧性，通过城市强度诊断（city strength diagnostic）量化评估城市的韧性。该计划建立了 17 个模块，分别针对城市发展、社区和社会、灾害风险管理 3 个必备模块和其他 14 个可选模块，从五个方面量化评估城市的韧性。韧性的量化有两种可选方法：一种是 Arup 开发的 city resilience framework；另一种则是根据访谈和调查，对五个分项直接进行评分，进而建立整体韧性矩阵。

第二节　特大城市韧性体系机理解析

本书概念化了城市韧性的关键组成部分以及外部扰动对城市韧性的影响机制（见图 4-1）。对于城市韧性，本书将其概念化为三个维度，即经济繁荣、社会福利和清洁环境，即概念模型最内圈的经济韧性、社会韧性和环境韧性。并分析这三个城市子系统的外部冲击（城市系统圈外，包括气候变化、环境恶化、资源枯竭、自然灾害等）以及内部适应策略（在两个大圈之间），以表征其影响机制。

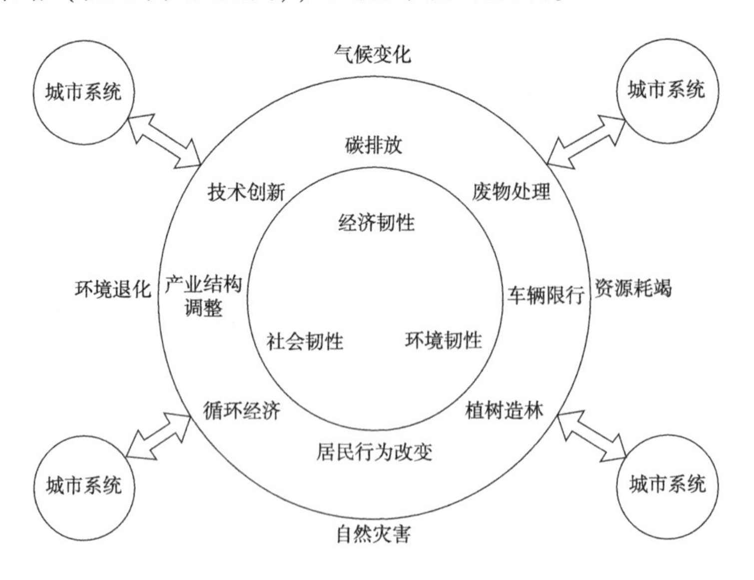

图 4-1　城市韧性概念模型

资料来源：SHI C，GUO N，GAO X，et al. How carbon emission reduction is going to affect urban resilience [J]. Journal of cleaner production，2022，372：133737.

对于外部冲击，要素包括气候变化，它往往在城市系统中引起自然灾害，导致城市洪水或城市热岛现象。除了气候变化引起的灾害，地震等自然灾害也会损害城市功能。在考虑系统的外部冲击时，社会或经济危机（如公共安全/卫生事件、金融危机、贸易冲突）不包括在这个概念框架中，因为它们被认为是城市系统的内部干扰。环境退化（例如，水和空气污染，土地退化）是由城市发展引起的，并可能阻碍未来的城市发展。资源枯竭也是如此，例如水或能源的短缺。

在内部适应方面，以减排为例，减排对城市韧性的影响主要是通过能源和排放密集型企业这个中介来实现的。工业企业通过研发或技术进步等方式实现减排的微观经济行为，会间接影响到城市韧性。减排措施，包括循环经济、技术创新和产业结构调整，也可以提高经济韧性。碳排放交易作为一种制度创新和激励减排的市场机制，也有助于提高城市韧性。除了组织行为的改变，家庭行为的改变（如更多地使用公共交通工具和电动车，太阳能取暖等），也可以减少排放，提高社会和环境韧性。植树造林可以减少毁林和森林退化。如前所述，车辆限制培养人们转向绿色交通的行为。废物处理有助于重新利用资源和减少污染，进而提升城市系统的环境韧性。

在这个概念模型中，也考虑了城市系统之间的相互作用。由于城市是开放的复杂的适应性系统，城市和农村之间存在相互作用，或者城市之间通过能源或物质流动进行相互作用，这也是城市韧性的一个主要来源。然而，这种互动可能是一把双刃剑。一方面，系统之间的互动通过能量或物质流动增强了系统的韧性；另一方面，这种互动可能给单一系统带来更多的干扰。

在概念模型分析的基础上，基于以往的城市韧性指数，在分析合理性、可测量性、国家覆盖率、与城市韧性的相关性和相互关系等指标选择原则下，本研究从经济繁荣、社会福利和清洁环境这三个韧性城市维度建立评价指数（见图4-2）。在相关研究中，一个常见的城市韧性维度是城市基础设施。在本研究中，我们将基础设施指标纳入社会福利。总体来说，评估指数包含了21个城市指标。该韧性评价体系的优点之一是所有指标均来自《中国城市统计年鉴》，该年鉴是公开的，具有相同的统计口径，可以很容易地应用于中国各城市韧性评估。

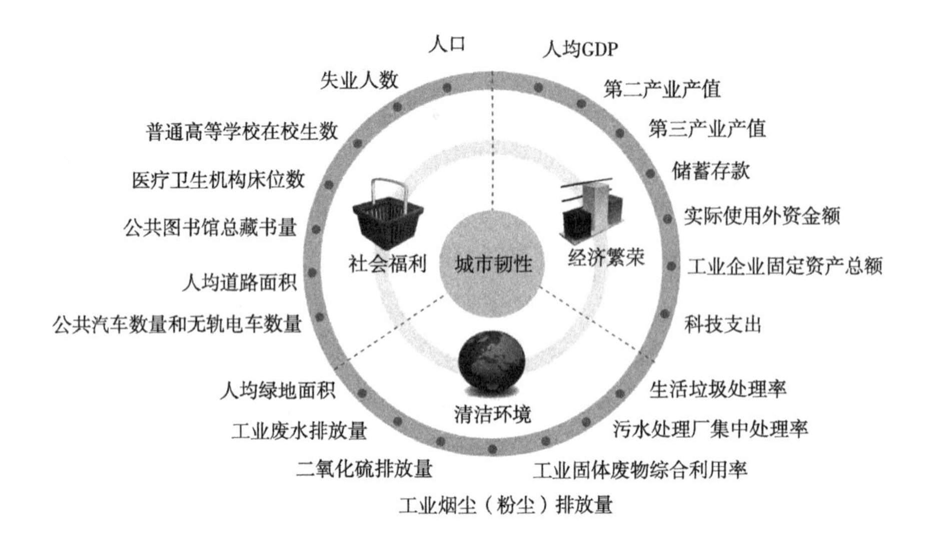

图 4-2　城市韧性评价综合指标体系

资料来源：SHI C，GUO N，GAO X，et al. How carbon emission reduction is going to affect urban resilience [J]. Journal of cleaner production，2022，372：133737.

一、经济繁荣

在复杂的市场环境中，经济韧性使城市经济在面临外部冲击时能够平稳运行并及时调整，通过资源配置与再配置、产业升级与结构调整等手段为经济繁荣提供持续动力。特别是在后疫情时代，经济韧性在恢复生产和维持城市生活方面发挥着重要作用。虽然经济韧性通常用国内生产总值（GDP）等关键经济代用指标来衡量，但本研究从《中国城市统计年鉴》中选取了 7 个指标来综合评价经济韧性。宏观经济指标中的人均 GDP 被用来代表生产力和生活水平。第二产业产值和第三产业产值被用来代表产业结构。储蓄存款表示城市居民的金融资源。实际使用外资金额是衡量经济体系开放程度的指标。工业企业固定资产总额是一个生产力指标。科技支出表明技术创新水平，这是未来经济发展的动力。

二、社会福利

社会韧性以人为本，反映了城市设施、服务和社会功能的质量。城市基础设施、公共空间、基本公共服务和社会服务是城市社会有序运转的基本韧性保障。社会福利使城市居民能够和平地生活，提供教育和艺术，并确保城市居民的物质和精神生活。因此，《中国城市统计年鉴》中人口、民生、公共服务和基础设施被选来评估社会韧性。人口和失业人数指标代表人口和就业状况。普通高等学校在校生数、医疗卫生机构床位数和公共图书馆总藏书量表示提供教育、医疗和文化服务的社会能力。人均道路面积及公共汽车和无轨电车数量是交通指标，同时也表明家庭行为的改变和使用公共交通工具情况。需要注意的是，由于公共设施和资源应以可获得性衡量，因此社会适应力指标采用的是人均值或比例值。

三、清洁环境

清洁环境是一个城市应对自然灾害和人为污染的最底层安全线。城市生态环境的质量和环境保护行动可以反映出一个城市的基本环境韧性。环境韧性是指在自然系统方面为城市提供关键服务，保护和连接城市居民。增强城市环境韧性需要人与自然和谐共处、节约资源和控制污染。因此，我们从《中国城市统计年鉴》的“资源与环境”类别中选取了7个指标来评价环境韧性。人均绿地面积表示城市地区的绿色空间。工业废水排放量、二氧化硫排放量和工业烟尘（粉尘）排放量表明污染排放水平。工业固体废物综合利用率、污水处理厂集中处理率和生活垃圾处理率表明了污染控制水平，也是对废物处理和循环经济减排的回应。

第三节　基于特大城市韧性体系的总体案例评价

根据上一节韧性评价体系对我国上海、北京、深圳、重庆、广州、成都、天津7个超大城市与武汉、东莞、西安、杭州、佛山、南京、沈阳、青岛、济南、长沙、哈尔滨、郑州、昆明、大连14个特大城市进行韧性评价，研究时间范围为 2006—2019 年。在城市韧性评价中，采用熵权法作为客观指标加权方法，该方法在城市系统指标评价中已被广泛使用。指标权重根据中国 267 个地级市数据获得，在《中国城市统计年鉴》中将没有数据的城市排除，最终得到包含 267 个地级市的样本。中国城市的韧性评价结果显示出明显的时空异质性，2006 年至 2019 年三个“五年计划”期间，中国城市整体韧性不断提高（见图 4-3）。2019 年在韧性排名前 10 的城市（包括深圳、上海、北京、广州、东莞、武汉、南京、成都、杭州和苏州）中，除苏州外均为超、特大城市，苏州也是Ⅰ型大城市。

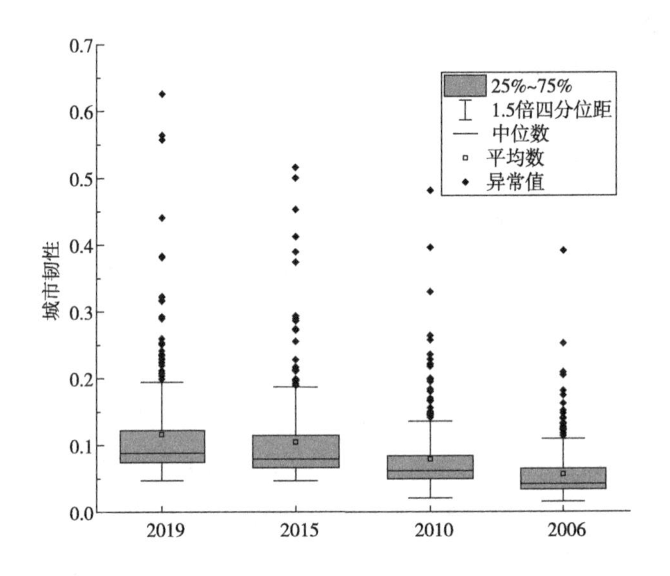

图 4-3　2006—2019 年中国 267 个地级市韧性得分

资料来源：SHI C，GUO N，GAO X，et al. How carbon emission reduction is going to affect urban resilience［J］. Journal of cleaner production，2022，372：133737.

韧性较高的城市主要聚集在京津冀地区、长三角地区和珠三角地区，而韧性较低的城市集中在东北、西北和西南地区。随着时间的推移，高韧性城市的聚集度有所下降，而其他聚集类型保持相对稳定。高韧性城市聚集在京津冀地区、山东半岛、长江三角洲、珠江三角洲和其他发达地区。这些城市与周边城市密切相关，核心城市具有明显的扩散效应。它与周边城市形成了协调发展的格局，提高了区域的抗风险能力。这些沿海城市群的发展基础较好，其经济在中国长期处于领先位置。经济发展水平直接影响到基础设施的建设和公共服务的提供。此外，近年来，城市生态综合治理和跨区域协同环境治理政策的实施，提高了城市生态系统的韧性，导致这些城市的整体韧性较高。低韧性城市聚集在中部、西南部和东北部地区，多为中小城市，且多为山区城市、资源型城市或经济不发达的城市。由于受经济、交通、资源、环境等因素的制约，城市抗灾能力普遍较低。

在我国 7 个特大城市（见图 4-4）中，深圳的城市韧性在评价时间段内保持排名第一。深圳作为国务院批复确定的中国经济特区，拥有较高社会和经济发展水平。它也是中国的生态文明示范城市之一，表现出较高的生态环境韧性。深圳、上海、北京的城市韧性在研究时间区间内处于领先地位。广州、天津的韧性水平虽然在超大城市中处于第二梯队，但仍高于全国大部分城市。成都与重庆城市韧性水平在超大城市中处于第三梯队，二者凭借人口吸引力跻身超大城市行列，但城市综合韧性仍需提升。成都的城市韧性仍低于武汉、东莞、南京等特大城市。重庆作为常住人口最多的超大城市，韧性水平最低，韧性值低于武汉、东莞、杭州、南京等特大城市，且 2015—2019 年增长不显著。主要原因在于重庆市的经济韧性和社会韧性与其他超大城市有较大差距，且在“十三五”时期重庆潜在增长率呈缓慢回落态势。

在我国目前 14 个特大城市（见图 4-5）中，武汉、东莞、杭州、南京韧性水平较高，长沙、郑州韧性水平次之，低于苏州等 I 型大城市。西安、佛山、青岛、大连处于第三梯队。沈阳、济南、昆明在特大城市中韧性水平较低，其中沈阳、济南近十年韧性增长缓慢。哈尔滨在特大城市中韧性水平最低，也低于全国地级市平均水平。这说明在我国目前的 14 个特大城市中，不同城市的韧性水平存在差异。这些数据分析的结果可以为各地政府和相关部门提供参考，以便他们针对各自城市的实际情况，制定并实施有效的韧性城市建设方案和措施，提高城市的韧性和可持续发展能力，以有效应对各种突发事件和挑战。

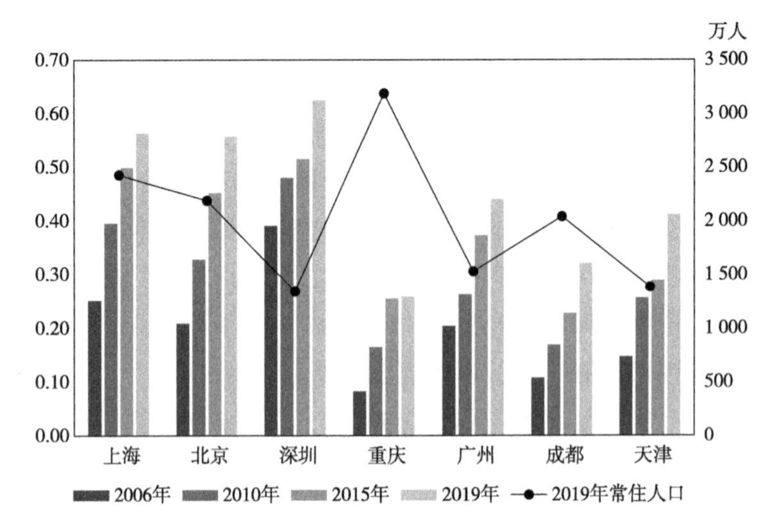

图 4-4　中国超大城市韧性评价结果

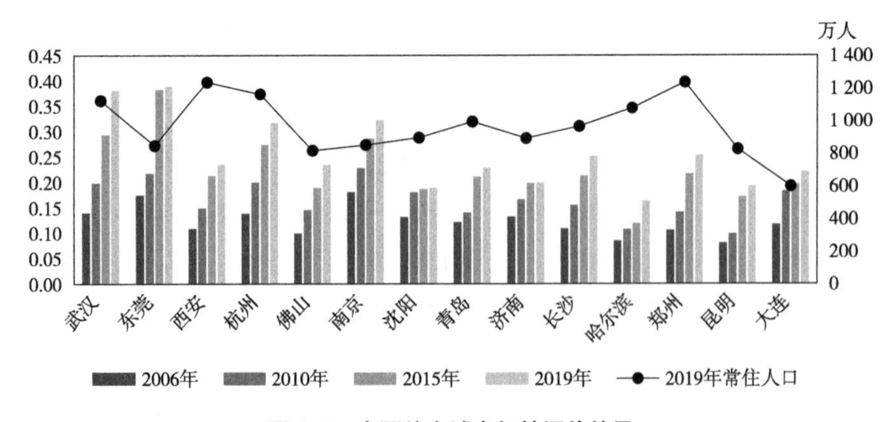

图 4-5　中国特大城市韧性评价结果

第五章　特大城市韧性评价与比较

第一节　特大城市韧性比较

城市韧性是指一个城市系统适应现代城市所面临的不确定性和干扰的能力。城市系统韧性的数值特征可以通过城市韧性指标来实现。此外，随着城市的发展，社会经济互动频繁，城市指标的表现在很大程度上取决于这些互动的规模，即城市标度律。因此，本节探讨城市韧性指标的标度律特征，分析不同韧性指标与城市人口规模之间的缩放关系，以及缩放规律的时空演变。实证案例以中国 267 个地级市为基础，并重点关注超特大城市，以及消除了人口规模的影响之后，超特大城市的韧性特征。结果显示，韧性指标在空间和时间尺度上都表现出标度律特征。此外，规模修正系数与常用的人均指标不同，在比较城市韧性表现时，需要考虑规模问题。本节的研究结果表明，适度的规模可以增强韧性。研究结果丰富了城市韧性的理论化和城市标度律的应用，也为城市韧性规划和管理提供了参考。

一、城市标度律方法论

城市是复杂的适应性系统，伴随着城市的扩张或萎缩，有许多移动和相互作用的元素。城市中的人/元素通过物理空间（道路网络）或社会空间（社会网络）连接起来。非线性的社会联系是城市产生和发展的动力，形成了城市等级制度、多中心的城市形态和城市缩放规律。许多城市属性和城市人口规模之间存在着非线性关系，即城市标度律。标度律是复杂系统中的普遍规律，如生物学、物理学、网络科学等。例如，生物学中的克莱伯定律（Kleiber's law）指出，成年哺乳动物的代谢率与体重的3/4次幂成正比。同样，齐普夫定律是城市人口的等级大小分布。规模法则是复杂城市系统背后的简单法则之一。作为城市属性评估的一个新范式，与以往使用人均值来衡量城市韧性表现的某一方面的研究相比，本研究旨在从标度律的角度来评估城市韧性，以更好地理解城市韧性的概念和经验。实证案例研究基于中国的地级市进行。中国是一个幅员辽阔的国家，具有明显的空间异质性。随着过去几十年的快速城市化，城市的表现也呈现出明显的时间差异。中国的证据可以揭示出城市标度律和异速生长律。澄清这些有利于未来的城市发展和韧性管理。

城市标度律是人口规模的幂函数，其指数的形式为：

$$Y(t)=Y_0N(t)^{\beta}$$

式中，$Y(t)$ 是时间 t 上的城市指标；$N(t)$ 是人口规模；β 是标度因子，反映了整个城市系统的通用动态规则。根据标度因子 β 数值，可以将城市指标分为三类：①当 $\beta>1$ 时，城市指标与人口规模之间存在着超线性关系。具有超线性标度特征的城市指标通常与社会互动有关，例如，GDP、收入、银行存款、专利、住房成本等。因为社会交往随着人口的增加而超线性增长，反映了规模收益的增加。②当 $\beta=1$ 时，是线性的城市指标，通常与人的基本需求有关，例如，就业、住房、家庭用水量等。③当 $\beta<1$ 时，通常是与基础设施有关的城市指标，如道路面积、加油站数量等，这些指标随着人口规模的增加而次线性增长，大城市有更多居民共享城市基础设施，反映了规模经济。对于标度因子 β，如果以上方程的两边都取对数，就会产生以下线性函数：

$$\log Y=\beta\times\log N+\log Y_0$$

双对数坐标下的线性拟合方法简单易行，是城市标度律研究中最常用的拟合方法。

在现实中，我们也会发现，随着城市人口的增长，城市基础设施的需求量，如加油站的数量、道路的长度和总的电力消耗，并没有以同等的速度增长，而是以比人口更慢的速度增长，这反映了城市的规模收益递减效应。也就是说，城市规模越大，基础设施的使用效率就越高。此外，随着城市规模（人口）的增长，人类互动和合作的效果变得更加明显，创造更多的财富。例如，北京的人口几乎是石家庄的两倍，但是，北京产生的财富（GDP）是石家庄的六倍。因此，根据城市缩放规律，用人均指标来评价一个城市在某一方面的表现是不公平的，因为人均值本身就假设城市指标与城市规模呈线性关系。对于大城市来说，其人均GDP超过中小城市并不一定说明该大城市的经济表现更好；只有跟同等规模的大城市相比，其人均GDP仍然较高，才说明其经济产出效率高。为了评价城市绩效，应该消除城市规模的影响。因此，贝当古（Bettencourt）等人基于城市标度律理论提出了规模修正指标（scale-adjusted metropolitan indicator，SAMI）。

$$SAMI_i = \log \frac{Y_i}{Y(N_i)} = \log \frac{Y_i}{Y_0 N_i^{\beta}}$$

式中，$SAMI_i$ 是城市 i 的城市指标（如GDP），它消除了规模的影响，实质上是城市指标对人口规模的拟合方程的残差，表示对其预期值的偏离程度；Y_i 是城市 i 的指标的实际值；$Y_0 N_i^{\beta}$ 是城市 i 的指标的估计值；N_i 是城市 i 的居民人口规模；Y_0 和 β 是方程的拟合参数。基于城市标度律的规模修正指标消除了城市规模的影响，可以更客观地比较城市的表现。

二、城市韧性标度律评价

在应用城市标度律方法评价城市韧性时，选择本书第四章第二节中构建的城市韧性指标体系，从经济繁荣、社会福利和清洁环境三个方面来描述中国城市的韧性特征。在原始指标体系21个指标中，我们排除了社会福利维度中的人口指标，将其作为衡量城市规模的指标，也排除了清洁环境维度中的三个环境污染物处理率指标，因为这些指标不具有标度特征。最后，本案例共分析了17个韧性指标。

（一）韧性指标的标度因子

2019年中国267个城市的17个韧性指标表现出一定的标度律特

征（见表5-1）。在7个经济韧性指标中，有5个指标与人口规模呈超线性关系，另外两个指标呈次线性关系。其中，工业企业固定资产的规模效应显著（β=0.692 3），工业企业呈现密集型发展模式。从小城市到大城市，储蓄存款增加率小于人口增加率（β=0.929 5）；这可能是由于中国大城市的生活费用较高，一旦出现诸如疫情管控停工引发的收入损失，大城市居民的经济韧性就会降低。对于超线性指标，GDP和人口之间的关系几乎是线性的（β=1.011 2），规模报酬递增对2019年中国城市的GDP来说并不显著。规模报酬递增在第二产业（β=1.028 7）和第三产业（β=1.058 6）中更为显著，尤其是第三产业。外资（β=1.774 2）和科技（β=1.392 4）是经济开放和经济增长动力的重要来源，它们与人口规模呈明显的超线性关系，表明外资和研发投资正在向大城市集聚，使它们拥有更多的竞争优势。

表5-1　2019年中国城市韧性指标的标度因子

韧性指标	韧性维度	标度律	β	R^2
人均GDP	经济	超线性	1.011 2	0.539 4
第二产业产值	经济	超线性	1.028 7	0.444 5
第三产业产值	经济	超线性	1.058 6	0.528 3
储蓄存款	经济	次线性	0.929 5	0.571 7
实际使用外资金额	经济	超线性	1.774 2	0.283 2
工业企业固定资产总额	经济	次线性	0.692 3	0.251 9
科技支出	经济	超线性	1.392 4	0.221 6
失业人数	社会	次线性	0.686 4	0.348 2
普通高等学校在校生数	社会	超线性	1.142 4	0.380 5
医疗卫生机构床位数	社会	次线性	0.914 0	0.758 5
公共图书馆总藏书量	社会	次线性	0.813 1	0.300 1
人均道路面积	社会	次线性	0.766 9	0.297 5
公共汽车和无轨电车数量	社会	次线性	0.829 5	0.273 7

续表

韧性指标	韧性维度	标度律	β	R^2
人均绿地面积	环境	次线性	0.653 9	0.200 4
工业废水排放量	环境	次线性	0.769 4	0.204 2
二氧化硫排放量	环境	次线性	0.276 6	0.032 4
工业烟尘（粉尘）排放量	环境	次线性	0.132 9	0.005 2

除了“普通高等学校在校生数”外，其他5个社会韧性指标与人口规模呈次线性关系，表明高等教育的提供和受过教育的劳动力在大城市集聚。失业人数与人口规模之间的次线性关系表明，大城市相应地提供了更多的工作机会。基础设施指标（包括“医疗卫生机构床位数”“公共图书馆总藏书量”“人均道路面积”“公共汽车和无轨电车数量”）都是次线性的，表明规模经济明显。至于4个环境韧性指标，“二氧化硫排放量”和“工业烟尘（粉尘）排放量”的拟合结果并不显著，R^2 值低于0.1。这可以解释为空气污染物的排放受严格的环境法规约束，与人口规模没有直接关系，因此，没有表现出标度律模式。环境维度中的人均绿地面积与基础设施指标一样，具有规模经济性。对于“工业废水排放量”（$\beta=0.769\ 4$），废水处理的效率随着城市规模的扩大而提高。

（二）标度因子的时间变化

标度因子随时间的变化反映了系统韧性的演变（见图5-1）。对于经济韧性指标的标度因子，从2006年到2019年，人均GDP、第二产业产值和第三产业产值的标度因子呈现出上升趋势，在2019年超过了1，显示出规模收益效应的增加。特别的，在2006年，第三产业GDP的标度因子是一个负值，这表明2006年第三产业产值随着城市人口的增加而下降。从2006年到2010年，在“十一五”期间，第三产业产值明显增长。储蓄存款和工业企业固定资产的变化保持相对稳定，表现出在研究期间与人口的次线性关系。实际使用外资金额和科技支出标度因子的变化很明显，到2019年都与城市规模呈超线性关系。社会韧性指标标度因子在医疗（医疗卫生机构床位数）和交通供应（人均道路面积、公共汽车和无轨电车数量）方面有所增加，在教育（普通高等院校在校生数和公共图书馆总藏书量）和失业方面有所下降。在环境韧性指标方面，人均绿地面积从2006年到2019年有所增加，表明大城市的绿地面积有所增加。工业废水排放的指数在研究期间略有波动，保持在0.8左右。

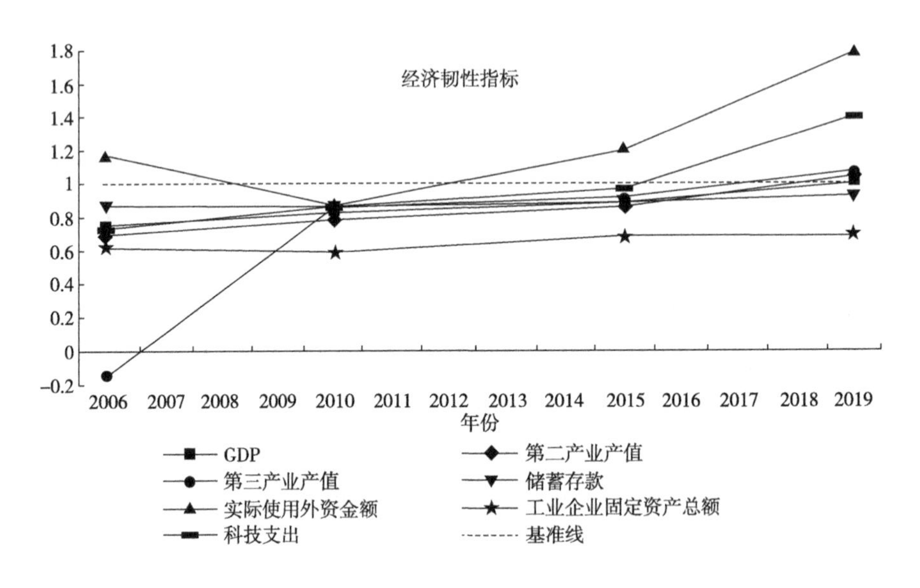

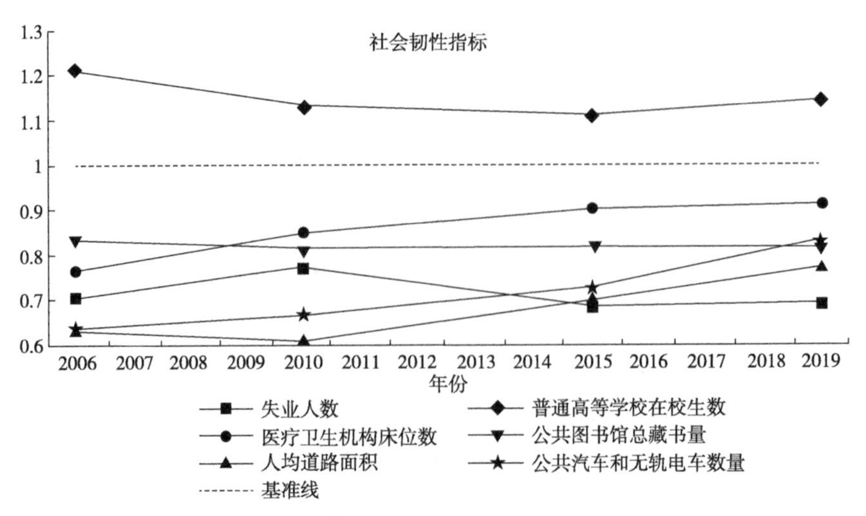

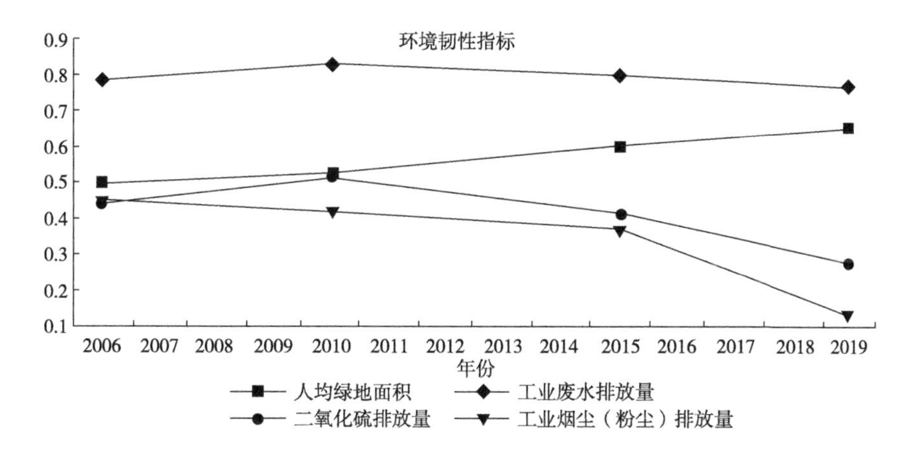

图 5-1　2006—2019 年中国城市韧性指标的标度因子变化

资料来源：SHI C，GUO N，ZHU X，et al. Assessing urban resilience from the perspective of scaling law：Evidence from chinese cities［J］. Land，2022，11（10）：1803.

（三）规模修正指标与人均指标

在本案例研究中，进一步将规模修正后的城市指标与人均指标进行比较，以表明在评估城市韧性表现时，必须认识到城市指标与人口规模之间的非线性比例关系。在经济维度上，GDP *SAMI* 为正值的城市主要分布在中国东部和南部沿海地区、长江中游地区、内蒙古和新疆，表明这些城市在同等规模的城市中拥有更多的经济产出，经济运行效率更高。GDP *SAMI* 为负值的城市主要分布在中国东北、中部和西南的内陆地区。这些城市的经济运行效率相对低于同等规模的城市。储蓄存款 *SAMI* 为正的城市主要位于环渤海经济圈、长江三角洲和珠江三角洲，这些城市的储蓄存款在同等规模的城市中较高。储蓄存款 *SAMI* 为负数的城市主要位于东北和中部地区，这些城市的存款比同等规模的城市少。

在社会韧性方面，大学生 *SAMI* 为正的城市主要在直辖市、省会城市和主要城市，这与中国的大学主要分布在这些城市的事实相一致。对于作为公共供给代表指标的道路面积，在同等规模的城市中，道路面积多的城市主要集中在东部沿海地区。相比之下，道路面积少的城市主要是东北、华中和华南地区的小城市，这些地区的基础设施需要进一步发展。

在环境方面，在同等规模的城市中，哈尔滨、长春、乌鲁木齐、鄂尔多斯、重庆，以及东部沿海地区的城市和珠江三角洲的城市有更多的绿地。*SAMI* 值小于 0 的城市需要进一步发展城市绿地。对于工业废水排放，在同等规模的城市中，呼伦贝尔、鹤岗、吉林、银川、唐山、天津、东部沿海地区的大部分城市以及广西、广东和福建三省的大部分城市，排放量较大，需要进一步优化。

此外，*SAMI* 和人均值的空间分布有一定区别。例如，乌鲁木齐的 GDP *SAMI* 属于最高级别的类别，而人均 GDP 则属于第三类。在乌鲁木齐，当与同等规模的城市比较 GDP 时，良好的经济表现非常突出。另一个例子是北京的道路面积，其 *SAMI* 值很高，表明与相同规模的城市相比，北京的表现更好。同时，北京的人均道路面积仅处于第五级。使用 *SAMI* 相当于对相同规模的城市进行比较，更科学、合理。在城市评价研究中，应在控制城市人口规模后，对不同城市的韧性进行比较。

三、案例小结

城市韧性力的规划和管理需要对城市韧性指标进行科学的量化。本案例利用第四章第二节中构建的城市韧性综合指数结合城市标度律方法，评估了城市指标与城市人口之间的非线性比例关系。在此过程中，修正了规模的影响，克服了常用的人均指标的不足，并促进了不同规模城市之间的直接比较。主要发现包括：中国城市的大部分经济韧性指标与城市规模呈超线性关系。相反，社会和部分经济指标与人口规模呈次线性关系。具体来说，在经济方面，GDP 表现出弱的超线性，尽管第二产业产值和第三产业产值较高，但仍不及国际城市，GDP 的标度因子约为 1.15。这说明中国城市经济的规模报酬递增效应并不明显，与发达国家仍有差距。此外，研究结果显示，大城市经济韧性的主要来源是实际使用外资金额和科技支出（两者的标度因子都很高）。这表明，对外开放和技术进步对经济发展至关重要。

在社会维度上，与基础设施建设相关的变量（医疗卫生机构床位数、公共图书馆总藏书量、人均道路面积、公共汽车和无轨电车数量）与城市人口规模呈次线性关系，说明从小城市到大城市，因子增加率低于人口增加率，因为大城市有更多居民共享城市基础设施，体现了城市属性的规模经济，通常，标度因子值为 0.85 左右。这种规模效应和聚集效应对于“公共图书馆总藏书量”“人均道路面积”“公共汽车和无轨电车数量”来说比较明显，指数值低于 0.85，而对于“医疗卫生机构床位数”，规模效应并不明显（β>0.85）。

在环境维度上，废水排放量与城市规模呈次线性关系。这与雷（Lei）等人 2017 年在中国的研究相矛盾，该研究显示废水排放量与城市规模呈超线性关系，这表明近年来大城市的废水处理量有所增加。

城市韧性标度因子随时间的变化表明，从 2006 年到 2019 年，在外资和科技的推动下，中国大城市的经济韧性的集聚效应得到了加强（研究期间两个指标的标度因子增长率都很高）。社会韧性和环境韧性指标的标度因子变化相对平稳，与人口规模的关联性没有变化（无论是次线性还是超线性）。这进一步表明，中国的城市韧性主要来自经济子系统。此外，城市的规模并不是越大越好，适度的规模可能会增强韧性。中国未来的城市规划应尽量防止城市变得过大，韧性建设政策可向中小城市倾斜，尤其需要进一步加强小城市的公共基础设施和服务。

韧性指标的规模修正值与人均值的比较表明，比较不同城市的韧性表现时，控制城市的人口规模是非常必要的。此外，SAMI 值与人均值是有区别的。在相同的人口规模下评估一个城市的韧性表现是一种科学合理的方法。它不仅应该在城市韧性评估中得到推广，也应该在其他城市评估制度中得到推广，特别是当城市排名和随后的决策因被指责不承认区域异质性（包括城市规模）而导致了“一刀切”式的政策时。使用 SAMI 值来评估城市，承认城市在规模上的异质性，可以为相同规模的城市制定政策。此外，本案例中的方法论，无论是韧性指数、标度因子，还是规模修正系数，都可以应用于案例研究地区以外的其他城市/地区。

第二节 城市韧性评价——以北京市为例①

城市韧性作为城市在面临不确定性扰动和未知风险时的承受能力，对城市的可持续发展具有重要意义。为了较为全面地把握北京市城市韧性特征、为城市韧性建设提供依据，本节通过构建城市韧性的多维复合指标体系，选取经济韧性、社会韧性、科技韧性、基础设施韧性、环境韧性五个维度，运用熵值法对北京市16个行政区城市韧性时空分异格局进行研究，并借助ArcGIS对所得结果进行可视化。最后结合计算结果及可视化后图像对各区城市韧性的时空演变进行分析说明。结果表明：在空间上，北京市各区整体韧性水平不高、空间异质性明显，各区的韧性优劣势也各不相同；在时间上，各区整体韧性差距表现出"先减小，后增大"的趋势，总体有所提升，各维度韧性发展趋势不一。最后，在研究结论的基础上提出如下建议：一是加强区域间协同发展；二是促进产业结构优化升级；三是关注韧性薄弱地区和脆弱环节；四是在城市规划时树立韧性概念。

一、北京市韧性评价体系

（一）城市韧性评价体系构建思路

本案例以研究城市韧性水平为导向，把城市韧性按城市要素分成了五个维度，分别为经济韧性、社会韧性、科技韧性、基础设施韧性、环境韧性，从而形成了城市韧性研究的理论框架。依据现有的理论框架，基于数据可靠性、可获得性，以及数据和理论框架的相关性来选择体系各维度中的具体指标。根据所设置的指标收集原始数据后，对数据进行补齐、归一化等处理后，用熵权法为所选取的指标分配权重（权重代表其在体系中的重要程度）。然后用经过处理的数据和计算所得权重，计算出城市韧性的具体得分，其得分代表了城市韧性的建设水平。最后将所得结果用统计图表的方式展现出来，并具体阐述结果及其形成

① 本节内容节选自首都经济贸易大学城市管理专业2018级本科生孙敬宜的本科毕业设计。

原因。

（二）指标选取与数据来源

基于先前学者的研究，对比不同城市韧性评价模型的优缺点，本案例最终从经济韧性、社会韧性、科技韧性、基础设施韧性、环境韧性五个维度出发，构建北京市城市韧性评价体系，结合北京市实际情况及数据可获得性，确定各维度下21个具体评价指标，指标选取遵循系统性、科学性、综合性、全面性。各级指标选取情况说明如下。

1. 经济韧性：城市经济韧性表现在城市面对不确定经济冲击时所表现的稳定性及恢复能力，是城市实现经济活力和可持续发展的关键。人均GDP、社会消费品零售总额、第三产业产值占比体现了一个地区总体经济发展状况，实际利用外商直接投资额反映了外来资本注入情况，而常住人口自然增长率代表了地区的劳动力增长水平。

2. 社会韧性：社会韧性是评价城市受到冲击时的社会保障能力以及城市中人们的风险抵抗能力。本案例选取的指标有参加医疗保险人数占比、城镇居民人均可支配收入、普通中学数量和在岗职工平均工资。

3. 科技韧性：在城市发展过程中，随着建设和管理的深入，越来越离不开先进科技的支撑。一个科技发达的城市，在危机到来时可以更好地应对。本案例中科技韧性由各区科技园区从业人员数、人均技术合同成交总额、人均专利授权量组成。

4. 基础设施韧性：城市基础设施韧性表现为当面对偶发极端事件和灾害的冲击时城市基础设施抵御、吸收损失并及时恢复的能力，本案例中由医院、图书馆、停车位、社区服务机构这四个部分组成。

5. 环境韧性：环境韧性反映了一个城市的环境承载力。本案例选取了5个指标，二氧化硫浓度反映了地区的工业污染情况，二氧化氮浓度反映了地区的汽车尾气排放情况，可吸入颗粒物浓度代表地区的总体污染情况，林木绿化率代表地区的总体绿化情况，而碳排放量作为近年来“双碳”目标的关键，也是衡量环境韧性的因素之一。

本案例数据来源有三种，其中 X1～X9、X11～X20 来自《北京区域统计年鉴》，X10 来自北京市科学技术委员会网站公开数据，X21 来自中国碳核算数据库公开数据。本案例数据处理方式有两类，其中 X2、X4、X6～X10、X16～X21 为从公开数据中直接获得并采用，而 X1、X3、X5、X11～X15 为通过公开数据进行计算获得并采用。对于个别缺失数据，选择相邻年份同类数据使用插值法进行补齐。

（三）城市韧性评价体系构建结果

根据上述研究方法和评价指标的选取，构建城市韧性评价指标体系，根据 2019 年数据计算所得各指标权重如表 5-2 所示。其中，X1～X16、X20 为正向指标，即原始数值越大得分越高的指标；X17～X19、X21 为负向指标，即原始数值越小得分越高的指标。

表 5-2　北京城市韧性指标及权重

一级指标	二级指标及权重	三级指标及权重	指标性质
城市韧性	经济韧性（0.313）	人均 GDP（0.063）（X1）	正
		实际利用外商直接投资额（0.125）（X2）	正
		第三产业产值占比（0.018）（X3）	正
		社会消费品零售总额（0.063）（X4）	正
		常住人口自然增长率（0.044）（X5）	正
	社会韧性（0.182）	参加医疗保险人数占比（0.061）（X6）	正
		城镇居民人均可支配收入（0.054）（X7）	正
		普通中学数量（0.042）（X8）	正
		在岗职工平均工资（0.025）（X9）	正
	科技韧性（0.202）	科技园区从业人员数（0.104）（X10）	正
		人均技术合同成交总额（0.056）（X11）	正
		人均专利授权量（0.041）（X12）	正
	基础设施韧性（0.180）	人均医院床位数（0.043）（X13）	正
		人均公共图书馆藏书量（0.067）（X14）	正
		人均停车场车位数（0.042）（X15）	正
		社区服务机构数（0.028）（X16）	正

续表

一级指标	二级指标及权重	三级指标及权重	指标性质
城市韧性	环境韧性（0.123）	二氧化硫浓度（0.027）（*X*17）	负
		二氧化氮浓度（0.034）（*X*18）	负
		可吸入颗粒物浓度（0.021）（*X*19）	负
		林木绿化率（0.028）（*X*20）	正
		碳排放量（0.012）（*X*21）	负

由表5-2可知，从二级指标层面：经济韧性所占权重较大，环境韧性所占权重较小，社会韧性、科技韧性、基础设施韧性所占权重适中。从三级指标层面：指标*X*2（实际利用外商直接投资额）及指标*X*10（科技园区从业人员数）所占权重较大，而指标*X*3（第三产业产值占比）及指标*X*21（碳排放量）所占权重较小。

二、北京市城市韧性时空分异特征

（一）北京市城市韧性的空间特征分析

1. 北京市整体城市韧性空间特征。本案例将北京市各区2009—2019年年均韧性得分利用ArcGIS软件进行自然间断分级，分级结果如表5-3所示。案例将北京市各区韧性得分分为六个级别，韧性得分由高至低分别对应一至六级韧性区，其中一级韧性区1个，二级韧性区3个，三级韧性区1个，四级韧性区4个，五级韧性区4个，六级韧性区3个。北京市各区年均韧性得分均值为0.283，有5个区得分位于平均分之上，其中海淀区韧性得分更是高达0.720，而其余11个区得分位于平均分之下，说明北京市各区韧性建设情况存在一定差距。一级韧性区为海淀区，韧性得分为0.720，极化地位显著。二级韧性区有朝阳区、西城区、东城区，这3个区得分均与海淀区有显著差距，但这3个区之间韧性得分差距不大。三级韧性区为丰台区，其与二级韧性区得分有一定差距。其余区均为四级至六级韧性区，韧性得分均位于0.14~0.26，组间差距较小。

表 5-3 北京市各区韧性级别

位序	区	韧性得分	韧性级别	位序	区	韧性得分	韧性级别
1	海淀区	0.720	一级	9	石景山区	0.222	四级
2	朝阳区	0.554	二级	10	怀柔区	0.200	五级
3	西城区	0.423	二级	11	门头沟区	0.189	五级
4	东城区	0.413	二级	12	房山区	0.175	五级
5	丰台区	0.288	三级	13	密云区	0.166	五级
6	昌平区	0.252	四级	14	平谷区	0.159	六级
7	大兴区	0.243	四级	15	通州区	0.145	六级
8	顺义区	0.232	四级	16	延庆区	0.141	六级

从北京市城市功能分区来看，作为首都功能核心区的西城区和东城区均为二级韧性区，处于领先地位，其韧性得分也较为相近，发展较为均衡。而城市功能拓展区海淀区、朝阳区、丰台区、石景山区四个区，分别位列一、二、三、四级韧性区，各区韧性建设情况差异较大，内部发展不均衡，北部区域韧性水平较高，而南部区域韧性水平较低，所以需要进一步强化南城韧性建设。城市发展新区昌平区、大兴区、顺义区、房山区、通州区韧性级别分别为四至六级，跨度较大。生态涵养区怀柔区、门头沟区、密云区、平谷区、延庆区的韧性级别均处于五级和六级，整体韧性建设较为落后。

总体而言，北京市各区韧性水平空间异质性明显，且呈集群化分布，中心城区韧性优势较大，呈单中心极核式发展，对周边区有一定辐射作用，而城市边缘地区韧性建设水平较低。

2. 北京市各维度城市韧性空间特征。北京市各区 2009 年、2014 年和 2019 年的经济韧性、社会韧性、科技韧性、基础设施韧性、环境韧性得分如表 5-4 所示。

表 5-4　2009 年、2014 年和 2019 年北京市各维度韧性计算结果

年份	区域	经济韧性	社会韧性	科技韧性	基础设施韧性	环境韧性
2009	东城区	0. 143	0. 107	0. 028	0. 084	0. 044
	西城区	0. 144	0. 138	0. 029	0. 082	0. 039
	朝阳区	0. 246	0. 153	0. 045	0. 084	0. 042
	丰台区	0. 071	0. 057	0. 046	0. 045	0. 053
	石景山区	0. 042	0. 045	0. 016	0. 041	0. 058
	海淀区	0. 188	0. 167	0. 202	0. 126	0. 051
	门头沟区	0. 016	0. 018	0. 002	0. 048	0. 065
	房山区	0. 013	0. 035	0. 003	0. 028	0. 044
	通州区	0. 045	0. 032	0. 008	0. 007	0. 022
	顺义区	0. 075	0. 043	0. 010	0. 015	0. 064
	昌平区	0. 065	0. 038	0. 034	0. 057	0. 083
	大兴区	0. 074	0. 041	0. 040	0. 023	0. 023
	怀柔区	0. 043	0. 010	0. 004	0. 015	0. 119
	平谷区	0. 008	0. 007	0. 001	0. 020	0. 102
	密云区	0. 009	0. 007	0. 002	0. 011	0. 096
	延庆区	0. 009	0. 004	0. 000	0. 013	0. 102
2014	东城区	0. 114	0. 098	0. 082	0. 090	0. 052
	西城区	0. 118	0. 128	0. 065	0. 087	0. 040
	朝阳区	0. 262	0. 155	0. 057	0. 079	0. 032
	丰台区	0. 083	0. 063	0. 053	0. 048	0. 047
	石景山区	0. 043	0. 048	0. 026	0. 053	0. 051
	海淀区	0. 188	0. 160	0. 179	0. 125	0. 032
	门头沟区	0. 025	0. 021	0. 003	0. 072	0. 087
	房山区	0. 050	0. 035	0. 003	0. 059	0. 055
	通州区	0. 060	0. 037	0. 011	0. 039	0. 014
	顺义区	0. 096	0. 037	0. 014	0. 039	0. 078
	昌平区	0. 036	0. 041	0. 030	0. 051	0. 086
	大兴区	0. 104	0. 053	0. 041	0. 055	0. 024
	怀柔区	0. 011	0. 021	0. 008	0. 029	0. 115

续表

年份	区域	经济韧性	社会韧性	科技韧性	基础设施韧性	环境韧性
2014	平谷区	0.016	0.015	0.004	0.030	0.102
	密云区	0.018	0.016	0.003	0.031	0.109
	延庆区	0.012	0.004	0.000	0.026	0.116
2019	东城区	0.106	0.102	0.089	0.058	0.044
	西城区	0.101	0.126	0.049	0.086	0.037
	朝阳区	0.192	0.158	0.069	0.070	0.018
	丰台区	0.047	0.062	0.069	0.068	0.050
	石景山区	0.044	0.063	0.034	0.053	0.048
	海淀区	0.226	0.155	0.201	0.112	0.050
	门头沟区	0.048	0.026	0.009	0.046	0.081
	房山区	0.053	0.034	0.008	0.040	0.063
	通州区	0.072	0.037	0.019	0.021	0.010
	顺义区	0.094	0.028	0.021	0.023	0.059
	昌平区	0.051	0.048	0.025	0.033	0.077
	大兴区	0.087	0.052	0.031	0.050	0.030
	怀柔区	0.040	0.009	0.015	0.039	0.121
	平谷区	0.035	0.007	0.003	0.020	0.108
	密云区	0.035	0.012	0.007	0.025	0.116
	延庆区	0.038	0.005	0.005	0.017	0.071

由表5-4可知，海淀区和朝阳区经济韧性处于较高水平，海淀区综合韧性建设突出，在其他维度韧性水平上均处于首位，而经济韧性首位却是朝阳区，这也证明了朝阳区的经济韧性建设是十分突出的。同时，与朝阳区接壤的顺义区、大兴区、通州区也在经济韧性上有亮眼的表现，这也体现了朝阳区对周围区有一定的辐射作用。北部郊区的经济韧性普遍偏弱，可以结合自身优势，发展旅游业等产业来加强经济韧性建设。

北京市各区社会韧性建设情况为从城市中心向城市边缘递减，整体得分良好，多数区的韧性保持在中高韧性级别，这也体现了北京市社会保障建设情况整体良好。但是，延庆区和平谷区的社会韧性还应该加强。

北京市科技韧性极化情况显著。海淀区科技韧性处于领先地位，其得分是排名第二的区的两倍以上，这是因为海淀区的定位是具有全球影响力的全国科技创新核心区。海淀区具有顶尖高等院校、科研院所以及中关村科学城等高新产业，是科技创新的发源地。值得注意的是，昌平区和大兴区科技韧性在郊区中较为突出，其中昌平区韧性较高的原因为其地理位置紧邻海淀区，受其辐射影响较大，此外，其自身也一直在吸引各高校来此建立新校区，所以也拥有了一批中国顶尖高校；而大兴区则是因为设立了北京经济技术开发区，引进了京东等一批高新技术企业，从而科技韧性突出。其他郊区或可借鉴昌平区和大兴区的经验提高自身科技韧性。

2019 年北京市各区基础设施韧性得分最低值为 0. 017，最高值为 0. 112，所以相较于其他维度韧性更为均衡。海淀的基础设施韧性处于首位，朝阳区次之，得分由这两个区向城市外围逐渐降低。相较于其他维度韧性，门头沟区基础设施韧性较高，而通州区较低。随着城市副中心的建设，未来通州区的基础设施韧性或有较大提升。

北京市环境韧性得分呈典型西北高、东南低分布。其中，环境韧性得分最高的为怀柔区，而得分最低的区是通州区。由此可知，北京市环境韧性呈现出不均衡特征，分化现象突出。北京市各区中作为生态涵养区的怀柔区、密云区、延庆区、平谷区优势显著，这也符合北京市功能区定位。北京市地形整体呈西北高、东南低，西北部以山居多，西北风从西北部刮起，而河流源头在西北部，源头水质优于下游水质，因此北京西北部较东南部有天然的地理优势。所以，北京市东南部各区应加强环境韧性方面的投入，提高环境韧性。

如图 5-2 所示，整体来看，海淀区在各维度韧性中均表现十分突出，而朝阳区经济韧性表现亮眼。位于北京市北部的生态涵养区怀柔区、平谷区、密云区、延庆区在生态韧性中处于领先地位，且领先程度较大，然而在其他维度韧性中均明显落后于其他各区，这也提示了这4个区在发挥自身优势的情况下也应该注意全方面发展。此外，值得一提的是，通州区作为北京市副中心，在整体韧性得分上处于低位，这与其环境韧性得分处于末位有较大关系，所以通州区应该注意补齐短板。总体来看，北京市环境韧性基本和其他韧性呈负相关态势，这提示我们在建设韧性城市时要着重强化环境建设，协调城市发展与环境的关系，做到可持续发展，贯彻“绿水青山就是金山银山”的理念。

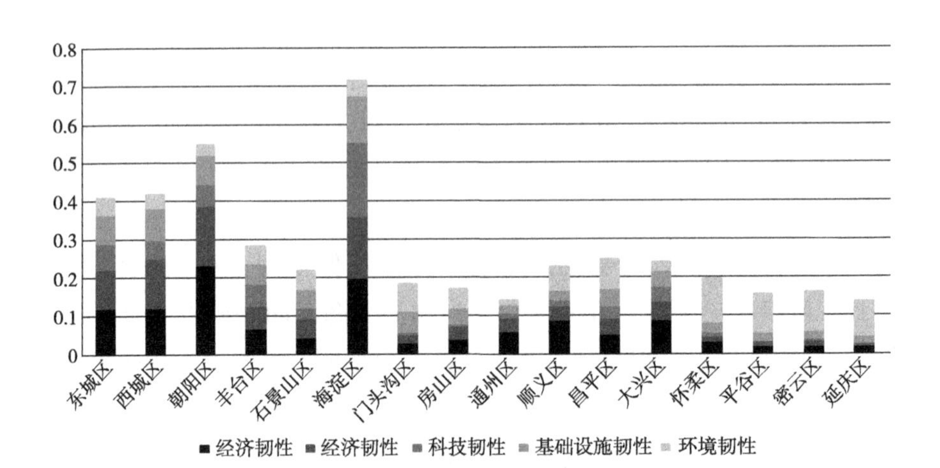

图 5-2　2009—2019 年北京市各维度年均韧性得分

（二）北京市城市韧性的时间特征分析

1. 北京市整体城市韧性时间特征。2009 年、2014 年、2019 年北京市各区韧性水平如表 5-5 所示。北京市各区 2009 年、2014 年、2019 年总体韧性变异系数（*CV* 值）分别为 0.655、0.525 和 0.530，反映了在研究期内北京市区级城市韧性差距表现出“先减后增”的趋势。研究初期，北京市城市韧性发展呈现出“扩散效应”，即具有韧性发展优势的区域带动其周围区域的发展，从而使周围地区逐步赶上中心地区，区域内发展趋于均衡。而在研究末期，区域发展存在一定的“马太效应”，即韧性发展越好的区域发展速度越快，使得区域间差距增大。总体来看，研究期内整体韧性分布变化不大。对比研究期初和研究期末，可以看出10年中韧性得分总体呈上涨趋势的有丰台区、石景山区、海淀区、门头沟区、房山区、通州区、顺义区、大兴区、怀柔区、平谷区、密云区、延庆区，而总体呈下降趋势的区有东城区、西城区、朝阳区、昌平区，韧性得分上升的区远远多于韧性得分下降的区，这体现了北京市各区总体韧性有所提升，韧性建设态势向好。

表5-5　2009、2014年和2019年北京市整体城市韧性结果

区域	2009年	2014年	2019年
东城区	0.406	0.435	0.399
西城区	0.431	0.437	0.399
朝阳区	0.570	0.586	0.506
丰台区	0.272	0.295	0.297
石景山区	0.202	0.221	0.243
海淀区	0.733	0.684	0.743
门头沟区	0.148	0.208	0.209
房山区	0.123	0.203	0.199
通州区	0.114	0.161	0.159
顺义区	0.207	0.264	0.225
昌平区	0.277	0.244	0.234
大兴区	0.200	0.278	0.250
怀柔区	0.191	0.184	0.224
平谷区	0.138	0.167	0.172
密云区	0.124	0.177	0.196
延庆区	0.129	0.158	0.135

2. 北京市各维度城市韧性时间特征。如图5-3所示，北京市各区各维度韧性发展趋势有所差异。在研究期内，经济韧性水平较高的区为海淀区、朝阳区、东城区、西城区，其中朝阳区、东城区、西城区的经济韧性水平呈逐年减小趋势，而海淀区的经济韧性水平呈逐年增大趋势；其余经济韧性水平较低的区韧性水平总体呈逐年上升趋势。由此可

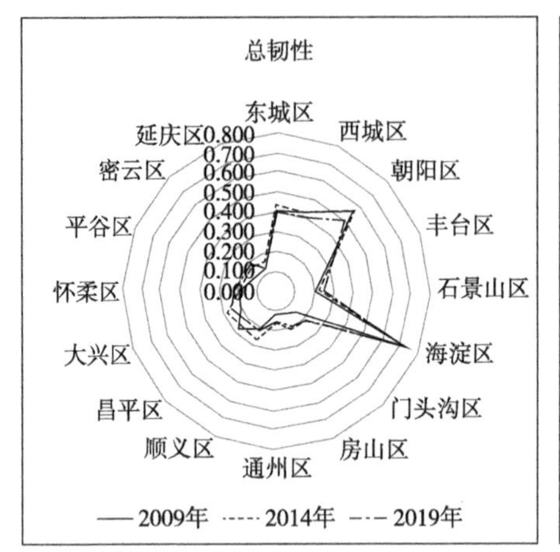

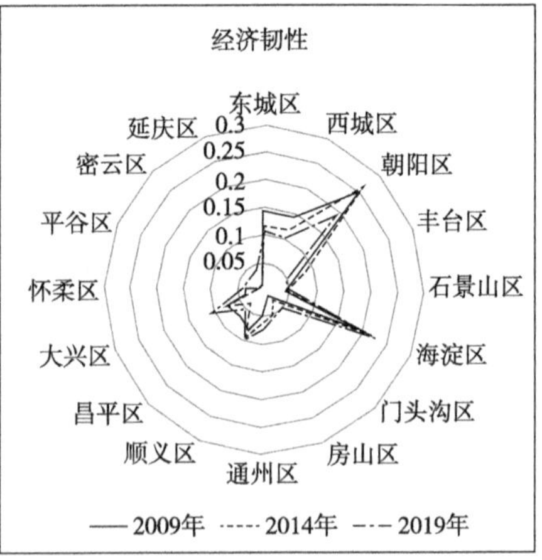

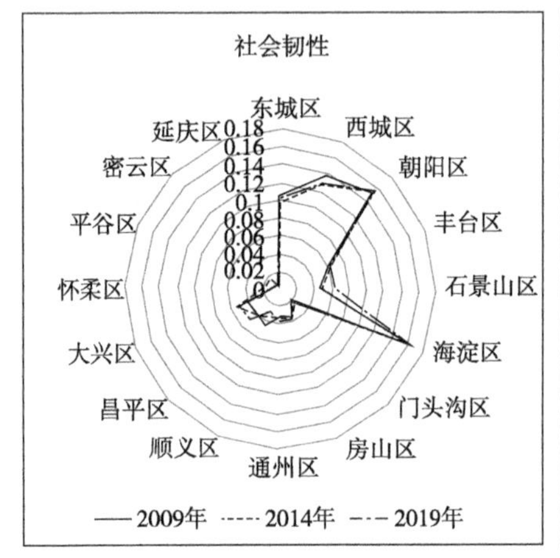

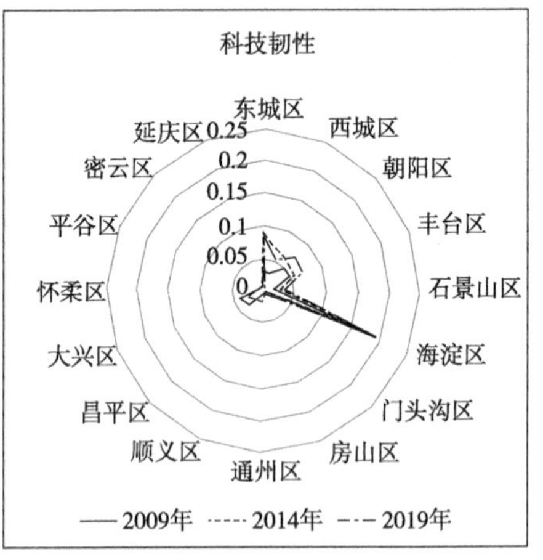

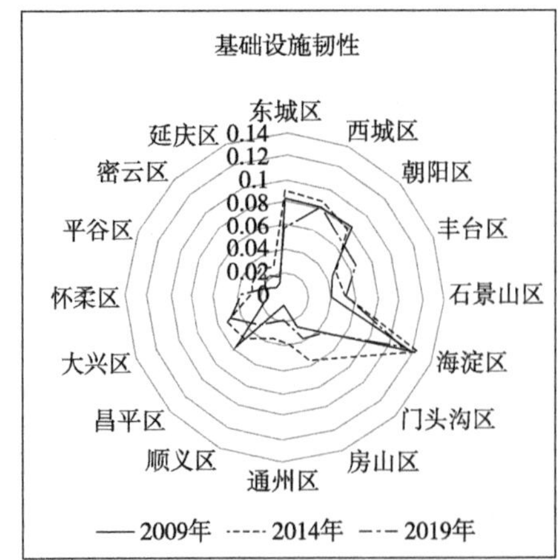

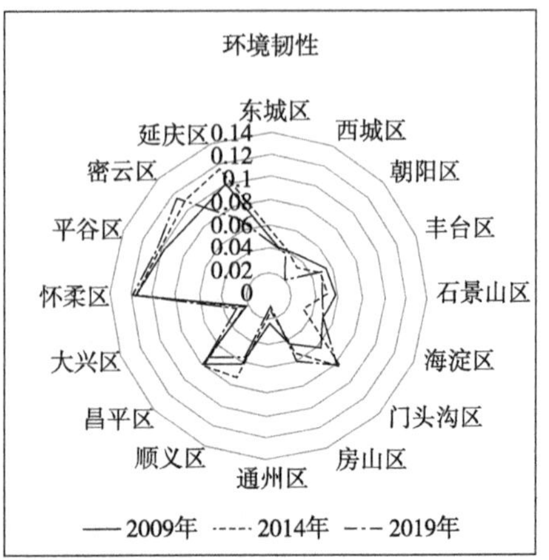

图 5-3　2009 年、2014 年和 2019 年北京市各维度城市韧性比较

知，经济韧性水平较高的区经济韧性水平逐渐降低，而经济韧性水平较低的区经济韧性水平逐渐增大，经济韧性维度总体趋于均衡，呈现“消滴效应”。而海淀区经济韧性趋势较为特殊，即使海淀区已经是经济韧性最高的区，但它的韧性仍在逐年增大，极化地位显著。社会韧性在研究期内变化不明显。海淀区的科技韧性在研究期内非常突出，领先优势较其他区十分明显。其他区的科技韧性水平有逐年提升的趋势，这体现了全市科技韧性水平也有趋于均衡的趋势。基础设施的特性是建设情况不易发生突变，案例研究发现各区基础设施韧性随时间变化呈波动状态，每个区的韧性变化未见显著规律，这可能与研究时对数据按人均处理有关，韧性变化受到了常住人口变化的影响。环境韧性水平的总体变化趋势呈“马太效应”，即环境韧性水平高的区的环境韧性水平在研究期内逐渐提升，而环境韧性水平较低的区的环境韧性水平在研究期内逐渐降低。

三、研究结论与政策建议

（一）时空分异结论

韧性评价有助于我们认识城市的韧性建设情况，是前期预判和后续探索适应性的调整方法的前提。案例通过构建城市韧性评价体系，分析了北京市各区城市韧性时空分异，得出以下结论：

一是北京市各区之间城市韧性差异显著，内部发展不均衡。一级韧性区海淀区具有绝对韧性优势，韧性水平远高于其他区，二级、三级韧性区数量较少，大量区位于四、五、六级韧性水平。中心城区大多处于高韧性水平，城市边缘地区韧性水平普遍较低。二是北京市各区城市韧性优势与短板不同。海淀区科技韧性优势显著，朝阳区经济韧性突出，西北部郊区环境韧性较强。多数区的环境韧性水平和经济韧性水平成反比。三是整体韧性差距随时间推移先减后增，总体韧性水平稳步提升。研究初期，北京市各区整体韧性呈现“扩散效应”，各区差距有所减小；研究末期，北京市各区整体韧性呈现“马太效应”，韧性差距逐渐增大。在十年间韧性空间分布整体变化不大，多数区的韧性水平有所提升。四是各维度发展趋势有所差异。各区经济韧性、基础设施韧性和科技韧性差距总体有减小趋势，社会韧性在研究期内变化不大，环境韧性差距逐年增大。

（二）相关政策建议

北京市是我国最具代表性的城市之一，其韧性建设情况在我国城市中位居前列。尽管如此，基于上述北京市城市韧性时空分异的探究，可以看出北京市城市韧性建设仍有不足之处。为了推进北京市各区韧性建设，促进共同发展，需要从以下方面着手。

一是推动区域间协同发展。政府应统筹考虑各区韧性发展诉求，构建韧性城市发展的空间协同机制，统筹资源要素，使各区加强近域交流和合作联动，具体可从两方面入手：韧性发展上以强带弱，互促共兴；韧性建设上联合建设，取长补短。区域间韧性发展应以高带低，总体韧性水平较高的海淀区、朝阳区等区应充分利用区内资源，通过产业转移、项目输出等方式发挥对近域乃至全市韧性提升的带动作用，缩小地区间韧性发展差异。此外，各区应强化互联互通，建设信息联动机制，创造良好的韧性协同发展氛围。在危机到来时，各区可依托应急联动机制，互帮互助，实现“一方有难，八方支援”，做到联合应对。

二是促进产业结构优化升级。传统工业、农业在一定程度上制约着区域经济的可持续发展，所以各区应积极改进传统产业，推进传统产业与现代科技的融合，注重传统产业的数字化转型和产业功能升级，响应国家“双碳”目标，加快产业向绿色低碳转型，并推进第三产业的发展。各区应充分借鉴海淀区等第三产业优势较大的区域的经验，加快信息网络建设，将产业化与数字化相结合，依托物联网、大数据、云计算等新兴科技，积极打造数字产业生态。推动产业升级，既可以提升生产效率，也为城市的可持续发展奠定了基础。

三是重点关注韧性短板，增加薄弱地区和脆弱环节的关注度。北京市各区的韧性优劣势不一，整体韧性水平也有显著差异。在北京市整体韧性建设中，应该着重关注韧性水平低的区域，给予政策上的倾斜；而就每个区而言，应因地制宜制定适合自身情况的发展战略。各区应注意提升各韧性维度之间的耦合协调度，促进城市韧性良性发展，让各维度形成互促互进的发展局面。政府要将一个区看作一个整体，重视区内各部门协同管理，使资源得到合理配置，不能因需要加强某一维度的韧性建设，而牺牲其他维度韧性建设，尤其要平衡好经济韧性与环境韧性的对立统一关系。

四是在城市规划时树立韧性概念。韧性概念在以往并未受到人们的重点关注，在新冠疫情的影响下，人们逐渐意识到韧性建设的重要性。在城市规划时，应深化对城市韧性内涵的理解和城市韧性水平提升的顶层设计，确定建设韧性城市的重要战略地位，制订科学合理的韧性提升方案。政府在政策制定上应向韧性建设倾斜，引领社会力量参与韧性建设，同时加大资金投入，增加基础设施建设投资力度，提高保险覆盖率，重视数字化转型，加强绿地建设，提高对可持续发展的重视，从而逐步提升社会保障制度，提高应急管理能力，建立健全综合防灾体系。

四、案例小结

当前我国对城市韧性的研究尚处于起步阶段，尚无统一的研究框架及标准。本案例研究通过构建 5 个维度、21 个指标的评价体系，对北京市 16 个区城市韧性时空分异进行了研究分析。可以看出，北京市各区城市韧性空间异质性显著，韧性水平由中心城区向城市边缘递减；各区的韧性优劣势不一，经济韧性和环境韧性的发展之间存在一定矛盾；北京市各区整体韧性水平差距随时间变化先减后增，多数区韧性水平有所提升；各维度发展趋势不一，多数韧性差距缩小，逐渐趋于均衡。

对此，提出如下建议：第一，推动区域间协同发展，构建韧性城市发展的空间协同机制，由韧性水平较高的区域发挥对韧性建设欠佳区域的带动作用。第二，积极促进产业结构的优化升级，积极开展产业数字化转型和功能优化升级。第三，关注韧性短板，尤其是薄弱地区和脆弱环节的韧性建设。第四，在城市规划时树立韧性城市概念，政府与社会合力推动韧性城市建设。希望本案例的研究能为将来城市韧性的研究以及韧性城市的建设提供参考。

第六章　特大城市韧性体系规划与管理决策咨询建议

第一节　特大城市韧性体系存在的问题与应对策略

根据特大城市的韧性特点、韧性发展特征及韧性体系框架，本节将从城市风险、城市能力与韧性管理体系三个方面，总结特大城市韧性发展存在的问题与应对策略。

一、特大城市韧性特点分析

特大城市是一个复杂巨系统，它具有一些共性特征，如城市规模大，复杂性高，具有全球或区域上的高影响力等。而城市韧性具有抽象性。以下将从特大城市的劣势与优势两个方面，初步分析特大城市韧性的特点。

（一）特大城市的劣势

特大城市自身的一些特点使其城市韧性优化中存在巨大挑战，主要表现在以下几个方面。

1. 特大城市易受多重灾害影响，造成的损失巨大。特大城市大量集聚的人口和城市系统的复杂性，使得特大城市在多重风险下呈现较强的脆弱性和不确定性。一方面，全球气候变化、深度全球化和技术变革使得特大城市的风险增加；另一方面，城市基础设施老化、城市规模和经济体量的持续增长有可能加剧城市灾害的影响力和破坏力。由于特大城市的高密度特征，同等强度的城市灾害在特大城市的破坏力和影响力将远大于中小城市，并容易产生次生灾害。例如，1998 年印尼城市雅加达遭受厄尔尼诺气候现象和金融危机的同步侵袭，环境的恶化导致疟疾等传染病暴发，造成重大的损失。

2. 人口管理不善，易滋生“城市病”，加剧社会脆弱性。特大城市外来人口增加为城市提供大量劳动力的同时，也对城市的人口容纳能力形成了重大挑战，尤其是在城市基础设施老化、建设滞后等情况下，容易产生交通拥堵、环境恶化等“城市病”，甚至还会带来阶层隔离、犯罪增加等社会问题，增加城市的不稳定因素。在北京市和上海市最新批复的总体规划中都提出了控制城市人口规模的任务，体现了对特大城市人口调控的重视。

3. 城市非正规性增加，政府治理能力面临挑战。城市非正规性（urban informality）是指在城市中一系列不受官方机构管制乃至非法的活动与行为，如非正规的经营、聚居和土地及住房交易等。非正规性已成为一种全球性现象，而在特大城市尤其是发展中国家特大城市中这一现象更加明显。非正规空间多为居民自建设施，安全隐患较大，同时由于聚居人群结构复杂、流动性大，社会经济活动复杂无序等特点，对城市安全、社会稳定和城市活力具有不利影响。如何正确处理和对待城市非正规性增加的现象，成为特大城市韧性优化中面临的挑战之一。

4. 城市运行对外部具有巨大的依赖性。城市对外部环境具有极大的依赖性。一方面，城市一般需要从外部输入能源和食物；另一方面，城市产生的垃圾和废物也需要周边地区帮助“消化”和“吸收”。特大城市集聚大量人口，经济运行规模远大于一般城市，对周边地区具有更大的依赖性。尤其在现代城市分工体系下，特大城市往往扮演了对外和对内两个扇面的枢纽角色，城市功能的实现也对周边地区形成了巨大的依赖性。因此，在发生重大灾害和干扰阻断的情况下，特大城市资源的供应链和功能过程将会遭受打击，是特大城市韧性优化中的薄弱环节之一。

（二）特大城市的优势

面临困境的同时，特大城市在韧性优化中也有一些优势，体现在以下几个方面。

1. 地理位置与交通优势。特大城市大都分布在滨海或临河的地势平坦地带，对外交通便利，如上海、纽约、大阪均具有优良的港口条件，有助于外界资源的快速集聚，具有高效率的流动性、与外界的网络连接性、灵活性特征，从而能够增强城市系统对灾害的抵抗性和稳定性。

2. 人口优势。特大城市快速增长的经济规模和资源优势，吸引了大量外来就业人口，为城市建设和功能实现提供了大量的人力资源。同时，特大城市一般还是高等院校、企业研发机构、咨询机构等高新技术产业或服务的集聚地区，汇聚了大量的专业技术人才，可以为构建城市韧性应对城市风险提供必要的智力支持和技术条件。

3. 政治和经济优势。特大城市一般在全球或区域政治和经济体系中占据重要位置，其在资源上的丰富性和与全球的联系性，都为特大城市在危机发生前做好城市准备和响应方案，以及在危机发生时迅速寻找解决方案提供了更多的可能性。特大城市一般拥有较大的经济体量，为城市韧性工程建设和研究投入提供了相对充裕的资金保障。尤其是在经济全球化的背景下，特大城市的经济功能更被重视、放大、优化和更具灵活性，资源流动的渠道更为高效，决策的响应速度更快，这些都可以被认为是特大城市应对灾害和风险时拥有更强的适应力。

4. 文化与技术优势。从文化来看，一方面特大城市具有地方特色的区域文化（如上海的海派文化）；另一方面，特大城市也呈现了对外来文化的包容性，形成了一批世界级的文化中心（如伦敦、纽约），文化繁荣有助于培植创新，形成具有多样性、包容性的社会资本，有助于提升城市韧性。从技术方面来看，特大城市一般集聚了高等研究机构和大企业的研发中心，也是新技术发展和最先被应用于城市实践的地方，无疑为寻找城市韧性优化的智慧技术方案提供了更多便利。

综上所述，特大城市面临着多样化的风险，但对其应对风险的能力或韧性难以进行简单的评判。一种观点认为，特大城市因为人口集聚和系统复杂，在风险面前具有高脆弱性，尤其是在灾害发生时容易发生大量伤亡和财产损失，因而特大城市具有较低的韧性。而另一种观点认为，特大城市资源集聚并拥有巨大的资源调动能力，因而拥有更大的韧性。这种观点认为以往研究过多重视特大城市的脆弱性，而忽视了特大城市拥有的资源。基于此，笔者认为城市韧性优化的概念框架更适合特大城市，其实践意义在于对特大城市本身需求和脆弱性的诊断及优先级判定，通过规划、建设、管理等不同人工干预手段对特大城市空间、资源等进行优化配置，从而实现城市功能的稳定与可持续发展。

二、特大城市韧性发展存在的问题

（一）城市系统面对的风险

特大城市面临的风险可分为自然灾害、事故灾难、公共卫生、社会公正与安全四大领域。尽管近年来北京、上海等城市灾害的数量在减少，但灾害事故的严重程度却在不断上升。

气候变化与自然灾害所引起的扰动一直是城市韧性研究的焦点。气候变化正导致越来越频繁的极端天气事件，如洪水、热浪、风暴等。暴雨、冰雪、地震、地质灾害、森林火灾是特大城市面临的主要自然灾害。在国外城市中，伦敦、纽约、悉尼、巴黎和东京强调了城市洪涝威胁；伦敦、纽约和新加坡特别强调了海平面上升与海岸保护的问题。2019 年夏天欧洲多处高温创历史新纪录及同年发生的澳大利亚山林大火，也促使纽约、巴黎和悉尼重点关注了夏季热浪问题。此外，东京将地震、海啸和火山灾害，纽约将飓风、台风、龙卷风等列为主要需要应对的灾害类型。在国内城市中，以北京为例，从发生频率分析，暴雨洪涝是最易发生的灾害。从严重程度分析，地震灾害最为突出，北京市是世界上仅有的三个人口超过千万、地震基本烈度高达Ⅷ度的首都城市之一，也是国际上为数不多发生过 7 级以上强震的特大城市，未来首都圈及华北地区发生 5 级以上中强破坏地震的可能性依然存在。

人为灾害成为突发事故的主要类型。随着特大城市建设步伐的加快，道路交通、城市生命线、生产安全、旅游安全、环境污染、化学、火灾等事故频发。重大传染病疫情、重大动植物疫情、食品安全事件发生的可能性增加。金融投资、拆迁安置等经济社会问题引发的群体性聚集上访以及个体极端事件仍时有发生，涉外突发事件呈上升趋势。

社会经济方面，国外城市如纽约特别强调了城市居民贫困、收入不平等和生活压力增大等有关社会公正的问题；纽约和巴黎还指出无家可归的流浪汉问题；悉尼则提到了缺乏社会凝聚力，需要提升国际竞争力；纽约和悉尼对宏观经济转变和全球化经济形势均有所涉及；伦敦和悉尼还将疾病暴发列入需要应对的挑战中；此外，伦敦、新加坡、悉尼和巴黎还注意到了防恐袭击问题。

（二）城市系统提供资源与服务设施能力不足

由“大城市病”引发的风险上升。特大城市人口规模过大，易引发城市交通拥堵、环境恶化、资源紧张等问题，使得城市基础设施和公共服务严重不足，让城市不堪重负，导致城市的脆弱性加大。新加坡强调其土地、水、能源与食物的匮乏，伦敦、纽约、悉尼和巴黎也都提到了基础设施的老化、故障或不足。与此同时，特大城市人口的高度流动性也带来了人口结构的不断变化，多样化的人群对城市服务有着更为复杂的需求。例如，伦敦、悉尼和巴黎都提到了经济适用房短缺的问题；纽约和悉尼的规划中均提及了公共交通承载力的不足；此外，纽约还强调了健康系统与教育系统的不完善。

（三）韧性管理体系存在的五大问题

1. 思路有待转变。一直以来，城市防灾减灾只是作为城市经济发展的配套工程被附带考虑。传统的城市安全规划和应急管理思路还存在静态思维、工程思维、偏重单一领域应对思维和自上而下政策传导与政府管理思维，在面对新兴风险时呈现一定程度的失效，亟待引入新的思路应对未来城市风险的挑战。

2. 系统性应对不足。自 2003 年 SARS 之后，从国家到地方层面进行了应急管理体制的改革，但直到今天，在城市综合防灾减灾领域仍然存在系统性不足的问题。一是各类规划缺少统筹协调和有效衔接，如局限于空间视角、应急管理视角，或局限于水、电、气、热、卫生等各自专业视角，缺乏对城市风险应对系统性、整体性的规划。二是应急管理综合统筹能力有待加强。应急管理局成立后，“九龙治水”、条块分治的问题有所改善，但许多工作仍然处于摸索阶段，如何更好地发挥统筹协调作用仍需进一步探索。

3. 风险评估不足。特大城市对于城市风险的综合分析和承载体脆弱性评价还很不到位。一是风险评估的大数据基础十分薄弱，对城市基础数据和历史灾害数据统计不健全，风险评估缺乏有效数据支撑。二是隐患排查仍存在漏洞，城市还隐藏着大量的风险点、风险源尚未被摸排出来，比如“带病”桥梁、老旧地下管线、废弃人防工程、废弃沼气池、违章建筑等，这些风险日积月累极易发生事故灾难。三是城市灾害综合评价体系不健全，对于多灾害、衍生灾害的认知还很不充分。

4. 社会应对能力相对薄弱。特大城市社区减灾工作还存在一定问题。一是社区减灾能力不均衡，许多老旧小区老年人口占比大、人口密度大且流动性强，防灾减灾安全意识薄弱且自救互救能力差。二是城乡接合部地区外来流动人口多、结构复杂，人员安全意识薄弱，公共防灾基础设施不足，极易发生火灾和内涝。三是社区减灾宣传和灾害管理工作不到位，居民参与度不高，许多地方没有进行定期演练，灾害风险隐患图、应急疏散路线图没有备齐，一旦发生灾害极易使损失扩大。

5. 技术手段有待增强。目前在城市安全规划和应急管理过程中，对于信息技术的运用还处于初级阶段。一是城市风险治理智能化的应用场景有待深化拓展。当前大数据、物联网、人工智能等新技术在城市风险管理领域的应用相对较少，大数据在城市风险治理智能化决策、执行和监督方面的应用有待加强。二是数据共享机制尚不健全。目前北京等特大城市尚无城市风险管理领域的大数据平台，各部门之间仍然存在“数据鸿沟”和“信息孤岛”，不利于提高城市风险治理决策的科学水平。

三、特大城市韧性发展应对策略

（一）应对气候变化，保护生态安全

韧性对城市生态环境系统具有积极的影响。应对气候变化，保护生态安全是韧性发展最基础也是已达成共识的目标，主要包括减缓气候变化、对气候变化灾害的监控与预测、为应对突发自然灾害做好准备等三方面策略。

1. 为减缓气候变化，国际特大城市采取的具体措施包括控制碳排放、节约能源与开发绿色空间。伦敦提出了基础设施的零碳化，推广节约水资源的方法，并规划建设绿网以应对夏季热浪。纽约的目标是2050年的温室气体排放量比2005年减少80%，并在2030年前实现对土地的零废弃物排放，成为全美国空气质量最好的大城市之一，让所有纽约人都能受益于高效利用、使用便利、美观开阔的绿色空间。

2. 强调对气候变化的监控与预测，是韧性发展策略的重要组成部分。大伦敦管理局（GLA）正在与开放数据研究所（Open Data Institute）合作开发新的数据存储中心，强调用数据与模型为政策提供依据，并利用现有的跨部门数据，对基础设施进行监控与评估。东京《国土强韧化规划》则对东京行政管辖区域做出了脆弱性评估，并针对各类脆弱性，提出了提升强韧性的施策方案。

3. 针对无法避免且日益频繁的自然灾害，国际特大城市也提出了一些应对策略。伦敦提出建立大伦敦管理局（GLA），通过将韧性理念嵌入治理全过程中，使GLA在预测和应对新出现的挑战时更加主动和有效；另外，市民将接受由英国红十字会负责的急救教育以增强应变能力，做好应急准备，并以社区为单位，实践“自适应”的治理模式。纽约提出加强社区、建筑物和基础设施的防水性，使之能从灾害中快速恢复；同时，规划完善全新的海防设施，以应对沿海洪灾和海平面上升。东京则提出了受灾后人身安全保障、首都机能维持、公共设施受灾最小化以及迅速恢复与重建四个基本目标。

（二）基础设施升级，保障城市服务

为应对水资源短缺及突发洪涝暴雨等灾害，各大城市在规划中强调涉水基础设施的升级改造。例如，伦敦提出改善基础供水系统，增加水循环利用，并通过数据分析来安排改造资金的使用优先级；纽约要求加强海防，为极其重要的海岸保护项目吸引新资金，并采取政策手段支持海岸保护。在食品供应、医疗服务与公共交通方面，各大城市则以积极增加冗余度来提高城市韧性。伦敦对食品供应中断的影响展开研讨，提出应开展针对弱势群体的进一步研究，为制定更详细的政策奠定基础；

研究的重点将聚焦批发市场、街头摊贩以及连锁店，并探讨伦敦周边农场向伦敦市内弱势群体提供农产品的潜力。

（三）创建安全包容的社会经济环境

特大城市的社会经济问题更为复杂，但也天然拥有着更包容多元的韧性特质。例如，伦敦要求提高应对网络突发事件后果的能力，提高城市之间在反恐方面的合作，以保障城市安全；通过向公众传达所面临的风险信息、建立社区韧性和发起“伦敦社区韧性周”活动等方式，与其他利益相关方合作，在地方一级改善交流方式，利用与戏剧公司合作，共同开发情景演习，创造让公众参与紧急情况演习的机会；另外，由于数字交易正日益成为一种常态，可能会对一部分更依赖现金的老年群体带来风险，伦敦由此开展无现金社会的风险研究，确定对社会韧性的影响，从而做出合适的决策以支持弱势群体。

第二节　特大城市韧性体系发展路径与模式选择

一、特大城市韧性体系特征

（一）多风险管控理念引导

正确认识城市面临的风险，对韧性城市建设具有非常重要的意义。这些风险不仅包括气候变化、自然灾害与资源短缺等生态环境维度，也包含人口健康、社会公正等的挑战。从另一个角度来说，不仅要对突发灾害有所准备，也要重视城市发展过程中积累的慢性压力。此外，城市各子系统之间有着千丝万缕的联系，问题发生时，往往夹杂着复杂的原生与次生灾害。以此次全球性的新冠疫情为例，各个城市面临的不仅仅是对居民健康安全的挑战，还有对治理体系漏洞、社会安定、经济发展的冲击。本书调研的案例城市除考虑气候变化与自然灾害的影响、资源与服务设施的供给压力外，也提及社会经济的公正与安全问题。

（二）多方共建共治合作

韧性作为一个多维度的复杂目标，需要各部门、机构及公众的广泛合作，其中，还潜伏着智能城市思想与精细化管理的应用可能。这种合作包括：城市之间、政府内部多部门之间、政府与非政府（NGO）组织之间以及广泛的社会参与。在互联网高速发展的今天，数据的电子化为信息共享提供了可能，各方沟通的效率也随之提高。伦敦、巴黎和悉尼的韧性战略规划中，每条策略都明确了责任方，并确定了将要参与合作的机构与组织。“全球100韧性城市”项目研究框架中，也提到了促进政府、非政府组织、私人部门、居民个人的韧性实践，为推动城市韧性发展做出贡献。

（三）全过程监测反馈实施

韧性城市建设应该是一种过程导向的行为，强调系统适应不确定性的能力，在承认扰动对城市造成负面影响的同时，力求城市整体格局的完整性和功能运行的持续性。利用数据与模型对潜在风险进行评估与监测为国际大都市韧性建设范式。这种过程性体现在对风险的评估中：对受影响最严重的地区进行详细的韧性规划策略试点，并通过实时监测，为应对不断变化着的风险争取反应时间。此外，在风险发生时，还需要有可以迅速做出反应的决策体系，市民也可以通过提前的宣传与演习，拥有一定的应急能力。

（四）“自上而下”与“自下而上”的多层级推广

一些国家的特大城市已经将韧性作为城市发展中必须考虑的关键内容。日本已经出台相应的法律法规和政策文件，推广国土强韧化地域规划的编制，结合地域特征，提升城市韧性。纽约的“韧性社区”是一项因地制宜的规划倡议，旨在确定各个社区的具体战略，包括分区和土地利用变化，以支持洪泛区社区的活力和韧性，作为城市社会治理的最小单元为应对未来风险做好准备。两者的共同点是，均将城市韧性理念进行“自上而下”或“自下而上”的推广与普及，通过立法、规划导则、监管文件或倡议的方式，将韧性解决方案纳入多层级空间规划。

二、未来特大城市韧性发展面临的挑战

（一）复杂多变的国际形势为特大城市经济社会发展安全带来了严峻挑战

近年来，国际形势波谲云诡、周边环境复杂敏感，贸易保护主义、单边主义冒头，全球投资贸易格局、科技创新格局、金融货币格局、多元治理体系等都面临前所未有的大变革。中美综合国力竞争已经转向以竞争为主、合作为辅的新格局，对全球政治经济发展格局和国内经济社会发展都将带来深远的影响。特大城市在国际经贸合作、科技创新、资本和能源供应等方面面临着不稳定、不确定、不可预见的国际因素明显增多、各种风险挑战明显加大的问题。

（二）多种风险隐患交织并存给特大城市公共安全风险防控提出了严峻挑战

未来几年城市各类风险隐患交织并存，形势依然复杂严峻。暴雨、地质灾害、森林火灾等自然灾害风险加剧，新冠疫情等重大传染病疫情防控形势依然严峻，群体性事件、涉外突发事件、暴恐袭击等社会治安风险上升，金融安全、信息安全等新兴风险越发突出。伴随着现代化进程的推进，城市中各类风险越发呈现复杂、连锁和不确定的特征，对公共安全风险防控能力提出了新的挑战。

（三）“灰犀牛”“黑天鹅”式风险对传统的防灾思维和治理能力提出了严峻挑战

“灰犀牛”主要指大概率大影响事件，“黑天鹅”是指小概率大影响的事件。特大城市的高速发展使面临的不确定性大幅度增加，“灰犀牛”“黑天鹅”事件将会频发，若应对不力，极易引发整个经济社会的系统性风险，产生严重后果。比如新冠疫情，颠覆了各国对于传染病的常规认知和应对能力，也暴露出在应对此类非常规的、复杂的、不可预测的、综合性的重大公共安全风险方面仍存在弱项和短板。

（四）公共安全需求的转变对韧性城市建设提出了更高要求

随着社会主要矛盾的转变，社会公共安全需求也呈现出新的特征。

我国已经全面建成小康社会，人民群众对于公共安全的关切程度更高，对于安全感的保障要求更高，参与公共安全的愿望更加强烈。同时，随着互联网和新型媒体的飞跃式发展，信息传播的速度、广度达到前所未有的高度，也使得安全风险信息的传播更快、负面消息的社会影响更大，在一定程度上使全社会的神经更为敏感。

三、我国特大城市韧性发展建议

（一）韧性战略规划

1. 多风险统筹、多系统协同的韧性战略规划编制。我国城市政府已日益认识到应急管理和风险管理的重要性，并在规划中提出了建设韧性城市的目标和要求；但对于韧性城市的建设，更多是从城市防灾角度来提出解决方案，还缺乏对城市风险管理的系统性思维。尤其是对于特大城市的复杂系统及其不确定压力，未来的韧性战略规划编制更需要借鉴国际特大城市多风险管理的理念，考虑城市在多系统协同应对多类灾害或风险扰动叠加压力下，基本维持原有性能和结构的能力，以及在较小代价下恢复稳态的能力，实现“事前预警、事中防治、事后恢复”的闭环管控。

2. 自适应循环的韧性战略规划决策过程。案例城市的研究表明，韧性规划与传统规划的区别还在于强调适应性规划，通过全过程监测反馈，在实践中学习，提升城市的综合韧性水平。特大城市在经济的多样性与活力、城市数据的完整度、基础设施投入及新兴技术的应用可能性等方面都具有优势，更容易进行多风险数据监测、场景模拟与危害预警，应发挥特大城市优势，实现自适应规划决策的循环推演与迭代优化。

3. 韧性规划实施过程评估。城市防灾规划制定后不是一成不变的，需要不断对其进行动态的过程评估、检验建设效果、调整规划内容和计划，以持续帮助、指导城市的韧性建设工作。比如东京《国土强韧化规划》基于 PDCA 循环模型，对城市风险和脆弱性进行科学分析，通过划定重点和优先次序的政策设计，确定一个合理的应对方案包，进而通过实施结果评价反馈修正方案。

（二）韧性建设与管理

1. 软硬兼顾的韧性战略规划实施保障。城市生命线基础设施是应对日常风险和灾害应急的硬件保障，而因地制宜和广泛的公众参与是保障韧性发展的必要软件措施。从案例城市的研究中可以发现，加强公众对风险及其合理应对方式的认知，是韧性战略实施的有力保障。在紧急情况发生时，公众往往首当其冲，如果能借助所拥有的急救知识，依靠自身与其他公众的援助可能比等待自上而下的反应更加及时，这也是体现城市韧性的重要方面。因此，韧性战略规划实施中，应考虑软硬兼施的保障机制，以包容多元的社会经济环境来应对不确定的未来风险。

2. 重视多元协同参与。整体和系统提升城市全面应对灾害能力是“韧性城市”建设的统一目标。在此核心目标引领下，众多发达国家城市将现有和潜在的减灾行动纳入统一的防灾战略中，强调多元协同参与，整合不同组织之间相似或重叠的减灾资源投入，将不同层级规划、不同层级和领域的组织、个人纳入统一目标，形成韧性城市建设合力。例如在纽约韧性城市规划建设中，成立了专门的规划实施机构——规划与可持续发展市长办公室（OLTPS），统领整个规划的实施；在 OLTPS 和单一部门之间设立协调机构，负责全市范围跨部门实施的项目；交通局、环保局等单一部门则负责相应部分的项目实施。

3. 重视社区韧性建设。城市的韧性建设要求每个单元都必须具有应对灾害和从灾害中快速恢复的能力，也就需要发动每一个个体做好防灾减灾准备。这不仅需要提升民众的防灾意识，还需要鼓励民众采取实际行动。近年来，发达国家的城市防灾规划都十分注重民众的参与，将规划目标与民众实际需求进行结合。例如，在韧性城市建设中，新奥尔良将“公平”作为韧性城市建设的目标之一，强调社区的安全与稳定是社会实现长久繁荣稳定的动力，通过提供公平、合理的就业机会，来稳定社会治安，降低犯罪率，保障社会稳定发展。

4. 大数据支持下的风险量化评估。观察其他国家的韧性城市规划，可以发现几乎都有庞大的基础数据做支撑，以城市基础设施、房屋建筑、人口分布、产业分布、历史灾害等大数据为基础，通过现状分析、情景模拟，提出规划方案。比如纽约的韧性城市规划，涉及 13 项灾害，每项灾害都会运用大量相关的图表数据来评估灾害暴露度，识别脆弱人群，计算历史灾害的发生频率和绘制基础设施地图，并以此作为减灾规划的依据。

在城市基础数据支撑下，城市防灾规划还需要以科学的方法为依托，进行预测、分析，制订具有针对性、操作性的实施方案。通过预测灾害发生状况及情景模拟，对该灾害发生后不同时间序列下可能出现的情景进行分析，根据情景模拟的结果评估形成应该采取的对应措施，再对比现在已有的应对能力，找出差距，提出建设目标。比如纽约的防灾规划，通过识别灾害风险、分析灾害风险及估计潜在损失三步对城市面临的风险进行评估。

参考文献

[1] 白立敏，修春亮，冯兴华，等．中国城市韧性综合评估及其时空分异特征［J］．世界地理研究，2019，28（6）：77-87.

[2] 陈利，朱喜钢，孙洁．韧性城市的基本理念、作用机制及规划愿景［J］．现代城市研究，2017（9）：18-24.

[3] 陈玉梅，李康晨．国外公共管理视角下韧性城市研究进展与实践探析［J］．中国行政管理，2017（1）：137-143.

[4] 成都市政府研究室课题组．加快建设韧性城市 奋力夺取双胜利［J］．先锋，2020（5）：48-50.

[5] 楚建群，赵辉，林坚．应对城市非正规性：城市更新中的城市治理创新［J］．规划师，2018，34（12）：122-126.

[6] 崔鹏，李德智，陈红霞，等．社区韧性研究述评与展望：概念、维度和评价［J］．现代城市研究，2018（11）：119-125.

[7] 邓智团，陈玉娇，苏宁．城镇化进程中的特大城市偏好研究［J］．城市发展研究，2018，25（7）：34-40.

[8] 丁成日，段霞，牛毅．世界巨型城市：增长、挑战和再认识［J］．国际城市规划，2015，30（3）：1-13.

[9] 冯洁瑶，刘耀龙，王军，等．经济发展水平、环境压力对城市韧性的影响：基于山西省 11 个地级市面板数据［J］．生态经济，2020，36（9）：101-106，163.

[10] 干靓，李乐卉．全球一线特大城市韧性战略规划的共性特征及启示［J］．住宅科技，2021，41（4）：1-6.

[11] 关威，高菲．超大城市面临的安全风险及国内外城市系统韧性建设案例借鉴研究［J］．中国工程咨询，2021（10）：51-56.

[12] 李明烨，马格尔哈斯．从城市非正规性视角解读里约热内卢贫民窟的发展历程与治理经验［J］．国际城市规划，2019，34（2）：56-63.

[13] 李亚，翟国方．我国城市灾害韧性评估及其提升策略研究［J］．规划师，2017，33（8）：5-11.

[14] 刘彦平．城市韧性系统发展测度：基于中国 288 个城市的实证研究［J］．城市发展研究，2021，28（6）：93-100.

[15] 陆小成．超大城市基础设施建设与城市病治理研究：基于京津冀协同发展的思考［J］．城市观察，2016（5）：54-62.

[16] 孟海星，沈清基．超大城市韧性的概念、特点及其优化的国际经验解析［J］．城市发展研究，2021，28（7）：75-83.

[17] 缪惠全，王乃玉，汪英俊，等．基于灾后恢复过程解析的城市韧性评价体系［J］．自然灾害学报，2021，30（1）：10-27.

[18] 钱少华，徐国强，沈阳，等．关于上海建设韧性城市的路径探索［J］．城市规划学刊，2017（S1）：109-118.

[19] 任利生．建设韧性城市 共筑北京安全之都［J］．城市与减灾，2017（4）：41-48.

[20] 邵亦文，徐江．城市规划中实现韧性构建：日本强韧化规划对中国的启示［J］．城市与减灾，2017（4）：71-76.

[21] 沈清基．韧性思维与城市生态规划［J］．上海城市规划，2018（3）：1-7.

[22] 师满江，曹琦．城乡规划视角下韧性理论研究进展及提升措施［J］．西部人居环境学刊，2019，34（6）：32-41.

[23] 石婷婷．从综合防灾到韧性城市：新常态下上海城市安全的战略构想［J］．上海城市规划，2016（1）：13-18.

[24] 史晨辰，朱小平，王辰星，等．韧性城市研究综述：基于城市复杂系统视角［J］．生态学报，2023，43（4）：1726-1737.

[25] 孙阳，张落成，姚士谋．基于社会生态系统视角的长三角地级城市韧性度评价［J］．中国人口·资源与环境，2017，27（8）：

151-158.

［26］滕五晓，罗翔，万蓓蕾，等．韧性城市视角的城市安全与综合防灾系统：以上海市浦东新区为例［J］．城市发展研究，2018，25（3）：39-46.

［27］王佐权．上海城市区域韧性评价研究［J］．防灾科技学院学报，2021，23（4）：58-66.

［28］武永超．智慧城市建设能够提升城市韧性吗?：一项准自然实验［J］．公共行政评论，2021，14（4）：25-44，196.

［29］夏楚瑜，董照樱子，陈彬．城市生态韧性时空变化及情景模拟研究：以杭州市为例［J］．生态学报，2022（1）：1-11.

［30］肖文涛，王鹭．韧性视角下现代城市整体性风险防控问题研究［J］．中国行政管理，2020（2）：123-128.

［31］谢欣露，郑艳．气候适应型城市评价指标体系研究：以北京市为例［J］．城市与环境研究，2016（4）：50-66.

［32］修春亮，魏冶，王绮．基于“规模—密度—形态”的大连市城市韧性评估［J］．地理学报，2018，73（12）：2315-2328.

［33］徐圆，张林玲．中国城市的经济韧性及由来：产业结构多样化视角［J］．财贸经济，2019，40（7）：110-126.

［34］杨丹，周波，赵薇可，等．基于熵权法的四川省城市韧性评价及其时空特征分析［J］．绿色科技，2021，23（8）：189-193，197.

［35］叶堂林，李国梁，梁新若．社会资本能有效提升区域经济韧性吗?：来自我国东部三大城市群的实证分析［J］．经济问题探索，2021（5）：84-94.

［36］俞俊．全球城市研究前沿情报（三）伦敦发布首份城市韧性战略［J］．全球城市研究（中英文），2020，1（1）：179-181.

［37］张明斗，冯晓青．长三角城市群内各城市的城市韧性与经济发展水平的协调性对比研究［J］．城市发展研究，2019，26（1）：82-91.

［38］张明斗，吴庆帮，李维露．产业结构变迁、全要素生产率与

城市经济韧性［J］. 郑州大学学报（哲学社会科学版），2021，54（6）：51-57.

［39］赵丹，杨兵，何永，等. 城市韧性评价指标体系探讨：以北京市为例［J］. 城市与减灾，2019（2）：29-34.

［40］郑艳，王文军，潘家华. 低碳韧性城市：理念、途径与政策选择［J］. 城市发展研究，2013，20（3）：10-14.

［41］周广坤，庄晴. 纽约滨水区域综合评估体系研究及借鉴意义［J］. 国际城市规划，2019，34（3）：103-108.

［42］朱金鹤，孙红雪. 中国三大城市群城市韧性时空演进与影响因素研究［J］. 软科学，2020，34（2）：72-79.

［43］朱正威，刘莹莹，杨洋. 韧性治理：中国韧性城市建设的实践与探索［J］. 公共管理与政策评论，2021，10（3）：22-31.

［44］AERTS J C J H, BOTZEN W J W, EMANUEL K, et al. Evaluating flood resilience strategies for coastal megacities［J］. Science, 2014, 344（6183）：473-475.

［45］ALBERTI M, MARZLUFF J M. Ecological resilience in urban ecosystems: linking urban patterns to human and ecological functions［J］. Urban ecosystems, 2004, 7（3）：241-265.

［46］ALDUNCE P, BEILIN R, HOWDEN M, et al. Resilience for disaster risk management in a changing climate: practitioners' frames and practices［J］. Global environmental change, 2015, 30: 1-11.

［47］ALVES L G A, MENDES R S, LENZI E K, et al. Scale-adjusted metrics for predicting the evolution of urban indicators and quantifying the performance of cities［J］. PLOS ONE, 2015, 10（9）：e0134862.

［48］ANG J B. CO_2 emissions, research and technology transfer in China［J］. Ecological economics, 2009, 68（10）：2658-2665.

［49］BAI X, DAWSON R J, ÜRGE-VORSATZ D, et al. Six research priorities for cities and climate change［J］. Nature, 2018, 555:

23–25.

[50] BETTENCOURT L M A, LOBO J, HELBING D, et al. Growth, innovation, scaling, and the pace of life in cities [J]. Proceedings of the national academy of sciences, 2007, 104 (17): 7301–7306.

[51] BETTENCOURT L M A, LOBO J, STRUMSKY D, et al. Urban scaling and its deviations: revealing the structure of wealth, innovation and crime across cities [J]. PLOS ONE, 2010, 5 (11): e13541.

[52] BRUNEAU M, CHANG S E, EGUCHI R T, et al. A framework to quantitatively assess and enhance the seismic resilience of communities [J]. Earthquake spectra, 2003, 19 (4): 733–752.

[53] BÜYÜKÖZKAN G, ILICAK Ö, FEYZIOĞLU O. A review of urban resilience literature [J]. Sustainable cities and society, 2022, 77: 103579.

[54] CHEN X, QUAN R. A spatiotemporal analysis of urban resilience to the COVID–19 pandemic in the Yangtze River Delta [J]. Natural hazards, 2021, 106 (1): 829–854.

[55] CHEN Y, SU X, ZHOU Q. Study on the spatiotemporal evolution and influencing factors of urban resilience in the Yellow River Basin [J]. International journal of environmental research and public health, 2021, 18 (19): 10231.

[56] CIMELLARO G P, RENSCHLER C, REINHORN A M, et al. PEOPLES: a framework for evaluating resilience [J]. Journal of structural engineering, 2016, 142 (10): 04016063.

[57] CROSS J A. Megacities and small towns: different perspectives on hazard vulnerability [J]. Global environmental change part B: environmental hazards, 2001, 3 (2): 63–80.

[58] CUTTER S L, ASH K D, EMRICH C T. The geographies of community disaster resilience [J]. Global environmental change, 2014, 29: 65–77.

[59] CUTTER S L, BURTON C G, EMRICH C T. Disaster resilience indicators for benchmarking baseline conditions [J]. Journal of homeland security and emergency management, 2010, 7 (1): 1-24.

[60] DESOUZA K C, FLANERY T H. Designing, planning, and managing resilient cities: a conceptual framework [J]. Cities, 2013, 35: 89-99.

[61] DEVERTEUIL G, GOLUBCHIKOV O, SHERIDAN Z. Disaster and the lived politics of the resilient city [J]. Geoforum, 2021, 125: 78-86.

[62] DIAZ-SARACHAGA J M, JATO-ESPINO D. Do sustainable community rating systems address resilience? [J]. Cities, 2019, 93: 62-71.

[63] DUIT A. Resilience thinking: lessons for public administration [J]. Public administration, 2016, 94 (2): 364-380.

[64] FOLKE C. Resilience: the emergence of a perspective for social-ecological systems analyses [J]. Global environmental change, 2006, 16 (3): 253-267.

[65] GABAIX X. Zipf's law and the growth of cities [J]. American economic review, 1999, 89 (2): 129-132.

[66] GIFFINGER R, HAINDLMAIER G, KRAMAR H. The role of rankings in growing city competition [J]. Urban research & practice, 2010, 3 (3): 299-312.

[67] HOLLAND J. Hidden order: How adaptation builds complexity [M]. New York: Perseus Books, 1996.

[68] HOLLING C S. Resilience and stability of ecological systems [J]. Annual review of ecology and systematics, 1973, 4 (1): 1-23.

[69] HUCK A, MONSTADT J. Urban and infrastructure resilience: diverging concepts and the need for cross-boundary learning [J]. Environmental science & policy, 2019, 100: 211-220.

[70] HU X, LI L, DONG K. What matters for regional economic

resilience amid COVID－19? Evidence from cities in Northeast China [J]. Cities, 2022, 120: 103440.

[71] JABAREEN Y. Planning the resilient city: concepts and strategies for coping with climate change and environmental risk [J]. Cities, 2013, 31: 220–229.

[72] JHA A K, MINER T W, STANTON–GEDDES Z. Building urban resilience: principles, tools, and practice [R]. Washington, D. C.: World Bank Group, 2013.

[73] KRAAS F. Megacities and global change: key priorities [J]. The geographical journal, 2007, 173 (1): 79–82.

[74] LADE S, WALKER B, HAIDER L. Resilience as pathway diversity: linking systems, individual, and temporal perspectives on resilience [J]. Ecology and society, 2020, 25 (3).

[75] LEI W, JIAO L, XU G, et al. Urban scaling in rapidly urbanising China [J]. Urban studies, 2022, 59 (9): 1889–1908.

[76] LIN P, WANG N, ELLINGWOOD B R. A risk de–aggregation framework that relates community resilience goals to building performance objectivess [J]. Sustainable and resilient infrastructure, 2016, 1 (1–2): 1–13.

[77] LIU X, LI S, XU X, et al. Integrated natural disasters urban resilience evaluation: the case of China [J]. Natural hazards, 2021, 107 (3): 2105–2122.

[78] MADAJEWICZ M. Who is vulnerable and who is resilient to coastal flooding? Lessons from hurricane sandy in New York City [J]. Climatic change, 2020, 163 (4): 2029–2053.

[79] MARTIN R, SUNLEY P, GARDINER B, et al. How regions react to recessions: resilience and the role of economic structure [J]. Regional studies, 2016, 50 (4): 561–585.

[80] MARTIN R, SUNLEY P. On the notion of regional economic

resilience: conceptualization and explanation [J]. Journal of economic geography, 2015, 15 (1): 1-42.

[81] MEEROW S, NEWELL J P, STULTS M. Defining urban resilience: a review [J]. Landscape and urban planning, 2016, 147: 38-49.

[82] MILES L, KAPOS V. Reducing greenhouse gas emissions from deforestation and forest degradation: global land-use implications [J]. Science, 2008, 320 (5882): 1454-1455.

[83] Nist Community Resilience Program. Community resilience planning guide for buildings and infrastructure systems: a playbook [EB/OL]. [2022-03-04]. https://nvlpubs.nist.gov/nistpubs/SpecialPublications/NIST.SP.1190GB-16.pdf.

[84] NUNES D M, PINHEIRO M D, TOME A. Does a review of urban resilience allow for the support of an evolutionary concept? [J]. Journal of environmental management, 2019, 244: 422-430.

[85] NUNES D M, TOME A, PINHEIRO M D. Urban-centric resilience in search of theoretical stabilisation? A phased thematic and conceptual review [J]. Journal of environmental management, 2019, 230: 282-292.

[86] O'CONNELL D, WALKER B, ABEL N, et al. The resilience, adaptation and transformation assessment framework: from theory to application [R]. Canberra: CSIRO, 2015.

[87] Rockefeller Foundation. 100 resilient cities [EB/OL]. [2022-03-17]. https://resilient-cities.sphaera.world/.

[88] SELLBERG M M, RYAN P, BORGSTROM S T, et al. From resilience thinking to resilience planning: lessons from practice [J]. Journal of environmental management, 2018, 217: 906-918.

[89] SHARMA M, SHARMA B, KUMAR N, et al. Establishing conceptual components for urban resilience: taking clues from urbanization

through a planner's lens [J]. Natural hazards review, 2023, 24 (1): 04022040.

[90] SHENK L, KREJCI C, PASSE U. Agents of change—together: using agent - based models to inspire social capital building for resilient communities [J]. Community development, 2019, 50 (2): 256-272.

[91] SHI C, GUO N, GAO X, et al. How carbon emission reduction is going to affect urban resilience [J]. Journal of cleaner production, 2022, 372: 133737.

[92] SHI C, GUO N, ZENG L, et al. How climate change is going to affect urban livability in China [J]. Climate services, 2022, 26: 100284.

[93] SHI C, GUO N, ZHU X, et al. Assessing urban resilience from the perspective of scaling law: evidence from chinese cities [J]. Land, 2022, 11 (10): 1803.

[94] SHI T, QIAO Y, ZHOU Q. Spatiotemporal evolution and spatial relevance of urban resilience: evidence from cities of China [J]. Growth and change, 2021, 52 (4): 2364-2390.

[95] SHUTTERS S T, MUNEEPEERAKUL R, LOBO J. Quantifying urban economic resilience through labour force interdependence [J]. Palgrave communications, 2015, 1 (1).

[96] SMIT B, WANDEL J. Adaptation, adaptive capacity and vulnerability [J]. Global environmental change, 2006, 16 (3): 282-292.

[97] SOGA K, WU R, ZHAO B, et al. City - scale multi - infrastructure network resilience simulation tool [EB/OL]. [2022-10-11]. https: //peer. berkeley. edu/publications/2021-05. DOI: 10. 55461/MYSN6989.

[98] TAN J, HU X, HASSINK R, et al. Industrial structure or agency: What affects regional economic resilience? Evidence from resource-based cities in China [J]. Cities, 2020, 106: 102906.

[99] TRUCHY A, ANGELER D G, SPONSELLER R A, et al. Chapter two-linking biodiversity, ecosystem functioning and services, and

ecological resilience: towards an integrative framework for improved management [M/OL]. Pittsburgh: Academic Press [2022-04-13]. https://www.sciencedirect.com/science/article/pii/S0065250415000288.

[100] VARADY R G, ALBRECHT T R, GERLAK A K, et al. The exigencies of transboundary water security: insights on community resilience [J]. Current opinion in environmental sustainability, 2020, 44: 74-84.

[101] WANG Z, WEI W. Regional economic resilience in China: measurement and determinants [J]. Regional studies, 2021, 55 (7): 1228-1239.

[102] WEBBER S, LEITNER H, SHEPPARD E. Wheeling out urban resilience: philanthrocapitalism, marketization, and local practice [J]. Annals of the American association of geographers, 2021, 111 (2): 343-363.

[103] WEST G B, BROWN J H, ENQUIST B J. A general model for the origin of allometric scaling laws in biology [J]. Science, 1997, 276 (5309): 122-126.

[104] SANCHEZ X A, VAN DER HEIJDEN J, OSMOND P. The city politics of an urban age: urban resilience conceptualisations and policies [J]. Palgrave communications, 2018, 4 (1).

[105] ZHANG N, HUANG H. Resilience analysis of countries under disasters based on multisource data [J]. Risk analysis, 2018, 38 (1): 31-42.

[106] ZHANG W, WANG N. Resilience-based risk mitigation for road networks [J]. Structural safety, 2016, 62: 57-65.

[107] ZHAO R, FANG C, LIU J, et al. The evaluation and obstacle analysis of urban resilience from the multidimensional perspective in Chinese cities [J]. Sustainable cities and society, 2022, 86: 104160.

[108] ZHENG Y, XIE X L, LIN C Z, et al. Development as adaptation: framing and measuring urban resilience in Beijing [J]. Advances in climate

change research，2018，9（4）：234-242.

［109］ZHOU H，WANG J，WAN J，et al. Resilience to natural hazards：a geographic perspective［J］. Natural hazards，2010，53（1）：21-41.

［110］ZHU Z，ZHENG Y，XIANG P. Deciphering the spatial and temporal evolution of urban anthropogenic resilience within the Yangtze River Delta urban agglomeration［J］. Sustainable cities and society，2023，88：104274.